工业机器人操作与拆装

主　编◎王　军　张永辉　温　朋
副主编◎曹建林　辛文华　王巧娟
　　　　梁立丰　梁兴周　肖　锋

长江出版传媒　湖北科学技术出版社

图书在版编目（CIP）数据

工业机器人操作与拆装/王军，张永辉，温朋主编.—武汉:湖北
科学技术出版社,2023.4
ISBN 978-7-5706-2522-2

Ⅰ．①工… Ⅱ．①王… ②张… ③温… Ⅲ．①工业机
器人－操作 ②工业机器人－装配（机械） Ⅳ．①TP242.2

中国国家版本馆 CIP 数据核字（2023）第 068067 号

责任校对：罗　萍

责任编辑：张波军

封面设计：曾雅明

出版发行：湖北科学技术出版社　　　　　　　电话：027-87679487
地　　址：武汉市雄楚大街 268 号　　　　　　邮编：430070
　　　　　（湖北出版文化城 B 座 13—14 层）

印　　刷：湖北新华印务有限公司　　　　　　邮编：430035

700×1000　　　1/16　　　　　　　　10.5 印张　　　160 千字
2023 年 4 月第 1 版　　　　　　　　2023 年 4 月第 1 次印刷
定价：56.00 元

本书如有印装质量问题　可找承印厂更换

前 言
PREFACE

随着工业机器人技术在制造行业的推广普及速度越来越快,工业机器人应用调试领域的技术人才缺口越来越大,市面上有关机器人技术的书籍大多介绍的是外国主流品牌技术,机器人控制器品种也越来越多。为了满足国内中小型企业一线工作人员的需要,特编写本书。国内很多企业采用工业机器人进行技术升级,以适应市场变化的要求,可以预期未来工业机器人的发展必将迎来国产化和品牌多样化的浪潮。《中国制造2025》战略规划要求企业全面升级自动化生产线,企业技术人员面临着技术升级的挑战。跟上社会和企业发展的脚步,提高自身竞争力,是行业发展对技术人员提出的新要求。

针对这一现状,结合石家庄市鹿泉区职业教育中心教学实际情况,河北慧诚天下智能科技有限公司与河北科技大学以联合开发的慧诚机器人为教学设备,与石家庄市鹿泉区职业教育中心共同开发工业机器人专业课程,由学校专业教师和企业技术专家共同编写本书。

本书主要内容包含四个模块:全新机器人初始配置、慧诚机器人基本操作、慧诚机器人装配任务和慧诚机器人拆卸任务。每个项目均含有典型的实施案例讲解,内容深入浅出,操作步骤翔实,可操作性强。本书编写过程中强调学生自主学习和实践能力的培养,力求体现结构上"理实一体化"的思想,突出"学中做、做中学、教学做合一"的教育技术,教学环节相对集中,教学场所直接安排到实习车间。学生通过该课程的理论学习和技能实训,可具备本专业必备的基础知识、基本方法和基本操作技能,为学习后续课程、提高综合素质、形成综合能力打下基础。

本书是工业机器人技术专业的一门专业教材,内容通俗易懂,难易程度适中,适合中高职院校工业机器人相关专业教学使用,总学时建议120学时。

本书由河北科技大学王军、鹿泉区职业教育中心张永辉、河北慧诚天下智能科技有限公司温朋担任主编,由鹿泉区职业教育中心曹建林、辛文华、王巧娟、梁立丰、梁兴周和联匠机器人创始人肖锋担任副主编。

由于编者水平有限,加上时间仓促,书中错漏之处在所难免,恳请广大读者批评指正。

目 录
CONTENTS

培训任务一 全新机器人初始配置

任务描述:作为工业机器人技术人员,现在接到新机配置任务,客户车间有一台全新的工业机器人设备到货,要求在5h内完成电气线路接线与机器人系统参数的初始设置,使机器人设备能进行正常操作。

一、机器人使用注意事项

机器人所有者、操作者必须对自己的安全负责。机器人本体制造公司不对因违规使用机器人而产生的安全问题负责,用户在使用机器人时必须注意规范使用安全设备,必须遵守安全操作规程。

1. 不可使用机器人的场合

(1)燃烧的环境。

(2)有爆炸可能的环境。

(3)无线电干扰的环境。

(4)水中或其他液体中。

(5)运送人或动物。

(6)不可攀附。

(7)其他。

2. 安全操作规程

(1)对于示教和手动机器人,请不要戴着手套操作示教器和操作面板。

(2)在点动操作机器人时要采用较低的速度倍率,以增加对机器人的控制机会。

(3)在按下示教器上的点动键之前要考虑到机器人的运动趋势。

(4)要预先考虑好避让机器人的运动轨迹,并确认该路线不受干涉。

(5)机器人周围区域必须清洁,无油、水及杂质等。

（6）在开机运行前,必须知道机器人根据所编程序将要执行的全部任务。

（7）必须知道所有会导致机器人移动的开关、传感器和控制信号的位置和状态。

（8）必须知道机器人控制柜和外围控制设备上的紧急停止按钮的位置,做好在紧急情况下使用这些按钮的准备。

注意:永远不要认为机器人没有移动就表示其程序已经完成。这时机器人很有可能是在等待让它继续移动的输入信号。

二、机器人工作站装配接线

1. 系统接线

机器人系统硬件数据见图1-2-1。

处理器（Processor）	TI Sitara AM335x ARM Cortex-A8 32-bit RISC Microprocessor, up to 1GHz
内存（Memory）	256MB DDR3,4GB eMMC
液晶屏（LCD）	TFT 8inch 800×600
触摸（Touch）	加固型4线电阻屏
操作系统（OS）	LINUX
面板（Panel）	功能按键:12个 轴按键:12个 指示灯:6个
USB端口	USB 2.0:1个
通信接口	RS485, CAN, Ethernet
功能部件	急停开关:1个 选择开关:1个 电子手轮:1个 触摸笔:1支,选配
额定输入电压/电流	DC 24V/I
工作环境温度	−40~85℃
工作环境湿度	≤90%

图1-2-1　机器人系统硬件数据

系统接线图见图1-2-2。

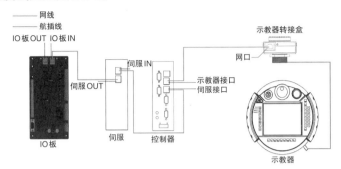

图1-2-2 系统接线图

示教器线末端的接口见图1-2-3。

图1-2-3 示教器出线端

示教器线缆连接到控制柜下方的接口(图1-2-4、图1-2-5)。不同示教器接线端口及硬件配置、线缆参数见图1-2-6～图1-2-11。

图1-2-4 旧款控制柜的示教器接线端口

图1-2-5 新款控制柜的示教器接线端口

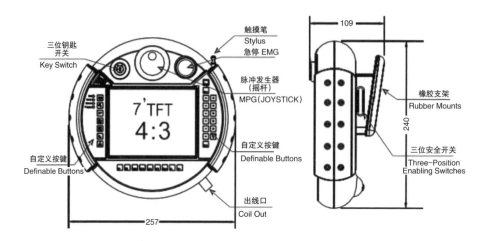

图 1-2-6　T20 示教器接线(1)

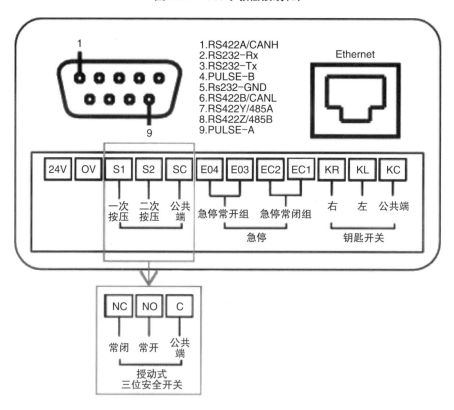

图 1-2-7　T20 示教器接线(2)

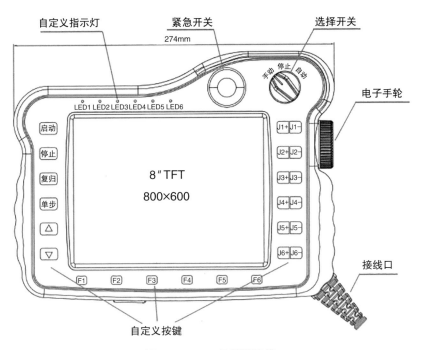

图1-2-8　T30示教器接线

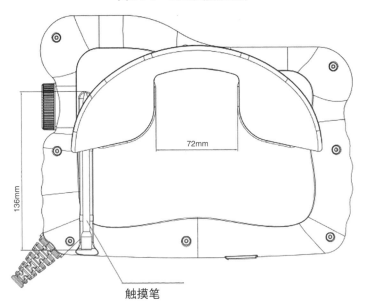

图1-2-9　T30示教器背面图

处理器(Processor)	TI Sitara AM335X 32-bit RISC,Cortex A8,MAX 1GHz
内存(Memory)	512MB DDR3
迷你SD卡(Micro SD Card)	Max 32G
液晶屏(LCD)	TFT 7inch 800×600
触摸(Touch)	加固型4线电阻屏 ruggedized and 4-wire touch resistive touchscreen
操作系统(O/S)	Windows CE 7.0 Core/LINUX
外接USB(External USB Device)	2.0×1
薄膜按键(Membrane Key)	按键 key:31 个(ea) 指示灯 pilot lamp:4个(ea)
通信(Communication)	RS232,RS485,CAN,Ethernet (100M)
配件(Parts)	急停Emergency stop 钥匙开关 key switch 使能开关(三位) Enable switch(three-position) 50脉冲Pulse 50PPR
常用规格(Common Specification)	Protection Grade:IP65 Case:ABS/PC,Black color Input Voltage:DC 24V

图 1-2-10   T20示教器硬件配置

符合RoHS (Meet RoHS)	电源与信号线 (Power and signal line)	网线 (Neting twine)
项目(Project)	A:12C×24AWG	B:2P×25AWG(0.20mm²)
护套线径(Cable diameter)	9.50mm±0.30mm	
电气性能 (Bectrical performance)	机械物理性能 (The mechanical and physicalproperties)	
1. 额定温度:80℃ 1. Rated temperature:80℃ 2. 额定电压:30V 2. Rated voltage:30V 3. 最大阻抗:94.2Ω/km 3. Max impedance:94.2Ω/km 4. 耐电压:0.5kV/min 4. Withstanding voltage: 0.5kV/min		

图 1-2-11   线缆参数

2. 设备安装环境

(1)环境温度。周围环境温度对控制器的寿命有很大的影响,不允许控制器的运行环境温度超过允许温度范围(0~45℃)。

(2)将控制器垂直安装在安装柜内的阻燃物体表面上,周围要有足够的空间散热。

(3)将设备安装在不易震动的地方。震动应不大于0.6G。特别注意远离冲床等设备。

(4)避免将设备装于阳光直射、潮湿、有水珠的地方。

(5)避免将设备装于空气中有腐蚀性、易燃性、易爆性气体的场所。

(6)避免将设备装在有油污、粉尘的场所,安装场所污染等级为PD2[①]。

(7)NRC系列产品为机柜内安装产品,需要安装在最终系统中使用,最终系统应提供相应的防火外壳、电气防护外壳和机械防护外壳等,并符合当地法律法规和相关IEC标准要求,如图1-2-12所示。

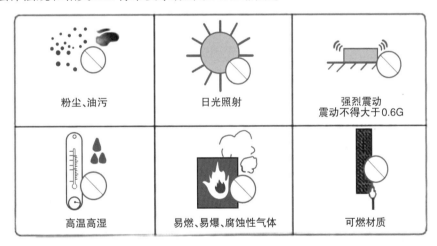

图1-2-12　设备安装环境要求

3. 控制柜安装位置

(1) 控制柜应安装在机器人动作范围之外(安全栏之外)。(图1-2-13)

---

① 《低压开关设备和控制设备》(GB 14048.1−2012)规定,为了便于确定电气间隙的爬电距离,微观环境可分为4个污染等级。PD2为污染等级2;一般情况仅有非导电性污染,但是必须考虑到偶然由于凝露造成短暂导电的可能性。

（2）控制柜应安装在能看清机器人动作的位置。

（3）控制柜应安装在便于打开柜门检查的位置。

（4）控制柜至少要距离墙壁500mm，以保持维护通道畅通。

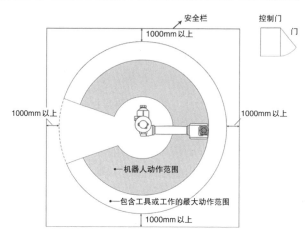

图1-2-13 机器人设备安装距离要求

4. 线缆要求

（1）线缆分级。等级一：敏感信号（低压模拟信号，高速编码器信号，高速通信信号，±10V 模拟量信号，低速422、485信号，数字输入输出信号）。等级二：干扰信号（低压电源、接触器控制线、带滤波功能的电机电源线和高压交流电源线、滤波功能的电机电源线）。

（2）电缆选型。输入输出主回路电缆推荐使用对称屏蔽电缆（图1-2-14）。与四芯电缆对比，使用对称屏蔽电缆可以减少整个传导系统的电磁辐射。

图1-2-14 对称屏蔽电缆

对称屏蔽电缆就是带屏蔽保护功能的对称电缆。相互对称的绝缘导线构成的电气回路，两根线相互绞合的称为双绞线对，四根线相互绞合的称为星绞线对。对绞线和星绞线统称对称电缆。

在对称电缆中,相对称的两根线电流方向相反,产生的磁场相互抵消(磁力线方向),并且由于绞合,两根线的位置不停地变换,这样对于周围任意一点的场强,两根线所受的影响是一致的,基于这种模式的电路称为平衡传输电路。

(3)数字信号线推荐使用双绞屏蔽线缆,如图1-2-15和图1-2-16所示。

图1-2-15　双绞屏蔽电缆(实物图)

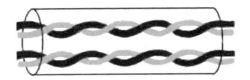

图1-2-16　双绞屏蔽电缆(示意图)

(4)屏蔽通信线缆使用的水晶头必须带屏蔽金属壳,通信线缆的屏蔽层与水晶头的屏蔽壳压接在一起,如图1-2-17所示。

图1-2-17　屏蔽通信线缆

5. 布线要求

(1)功率电缆应远离所有信号电缆铺设。

(2)电机电缆、输入电源线和控制回路电缆尽量不要布线在同一线槽。

(3)避免电机电缆与控制回路长距离并行走线,以免耦合产生电磁干扰。

(4) 同一线槽中不同等级的线缆之间最少保持 100mm 间距。不同等级的线缆分开布置。长距离电缆同向布线时,不同等级的线缆之间最少保持 100mm 间距。使用导体作为背板(采用没有被喷塑的锌板)将控制器的金属部分直接与背板连接。根据等级,保持电缆的分离,如果不同等级的线缆必须交叉,则应保持90°交叉。

6. 接地要求

(1)电源线接地要求如图1-2-18所示。请务必将接地端接地,否则可能有触电或者因干扰而产生误动作的危险。

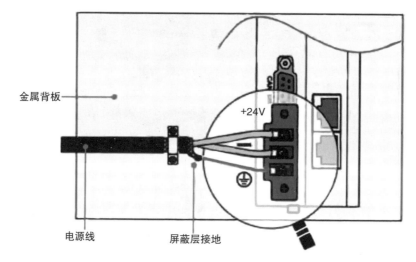

金属背板

+24V

电源线　　　　屏蔽层接地

图1-2-18　电源线接地要求

(2)差分信号线(CAN/RS485/RS422)采用双绞屏蔽线缆,屏蔽层在电缆两端必须连接 0V,如图1-2-19所示。

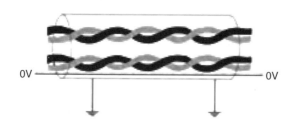

0V　　　　　　　　　　　　0V

图1-2-19　屏蔽层在线缆两端连接0V

(3)接线注意事项。① 参加接线与检查的人员必须是具有相应技术的专业人员。产品必须可靠接地,接地电阻应小于4Ω,不能使用中性线(零线)代替地线。接线必须正确、牢固,以免导致产品故障或意想不到的后果。与产品连接的浪涌吸收二极管必须按规定方向连接,否则会损坏产品。②插拔插头或打开产品机箱前,必须切断电源。③尽量避免信号线和电源线从同一管道穿过,两者应该距离30mm以上。信号线、编码器(PG)的反馈线缆应使用多股绞合线以及多芯绞合屏蔽线。对于配线长度,指令输入线最长为3m,编码器的反馈线缆最长为20m。编码器的信号线、电源线、电池线均为单独一组的双绞线。④请勿频繁开关电源。在需要反复地连续开关电源时,频率请控制在1min/次以下。由于伺服单元的电源部分带有电容,如果频繁地开关电源会造成伺服单元内部的主电路元件性能下降。⑤确认控制系统供电开关电源功率、电压。保证控制器、示教器和IO模块的电压不小于50W,具体电源功率需要匹配IO模块负载。(图1-2-20、图1-2-21)。⑥建议将伺服大暖开关电源与控制器系统开关电源分开使用,防止出现伺服单元干扰控制器系统情况。控制器系统与伺服连接网线需要使用超六类屏蔽网线。如果一个轴对应一个伺服,则网线需要按照轴的顺序接线。请按照"控制器—伺服—IO模块"的顺序接线。(图1-2-22)

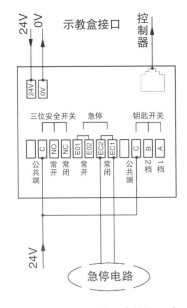

图1-2-20　示教器转接盒接线示意

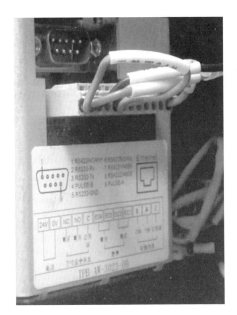

图1-2-21　实际接线图

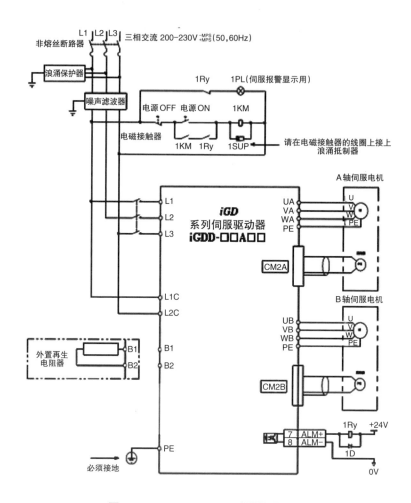

图 1-2-22　THINKVO 驱动器接线图

三、机器人初始参数设置

接线后,控制柜通电。示教器加载系统进入机器人操作界面。技术人员设置机器人初始参数,包括 DH 参数、笛卡尔参数等关键参数。只有设置完机器人配置并再次重启后,才能进行编程调试等操作。

当技术人员拿到一套新的控制系统后,要首先配置好机器人个数、机器人类型、机器人伺服类型、外部轴类型、外部轴伺服类型与 IO 的型号,否则开机后将出现"无法连接伺服"的报错信息,无法正常使用相关设备。

机器人个数、机器人类型、机器人伺服类型、外部轴类型、外部轴伺服类型与IO的型号请严格按照设备实际情况来进行配置。若确认已经严格按照规范接线，但还是出现"无法连接伺服"的报错信息，应联系集成商的技术人员，提供所使用的伺服型号和IO型号，寻求技术支持。

注意：当伺服类型与IO型号没有正确配置时，系统启动后需要等待一段时间才能使得控制器与示教器连接，此时开机后若示教器上方显示"连接断开"，此为正常现象。

当使用一台新机器人时，建议技术人员在"示教器与控制器已正常连接"的状态下，进入"设置－系统设置－其他设置"界面，打开配置向导，跟随配置向导完成机器人的各项参数配置。(图1-3-1)

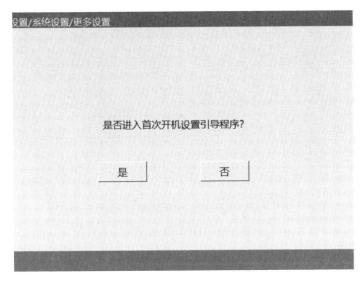

图1-3-1　首次开机画面

若技术人员手动进行各项参数的配置，配置向导则不适用。以下为完整的参数配置步骤。

1. 切换权限

切换到"管理员"操作权限，默认密码为123456；点击示教器画面左侧的操作员按键可以切换当前用户的权限，分别为操作员、技术员和管理员。(图1-3-2)

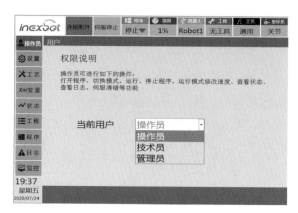

图1-3-2　用户权限切换界面

　　技术员可进行较为复杂的操作,例如新建、重命名、删除、打开程序、插入等。(图1-3-3)初始登录密码为123456。(图1-3-4)

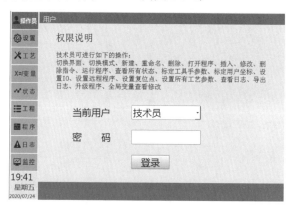

图1-3-3　技术员权限界面

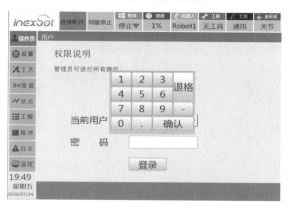

图1-3-4　密码输入界面

2. 设置

（1）从站配置。

在"设置－机器人参数－从站配置"中进行机器人个数、机器人通讯周期、机器人类型、伺服型号的配置。机器人型号请务必正确选取，否则会导致机器人无法正常运动。伺服列表显示当前控制器开机后读取的伺服型号个数，机器人伺服配置可以配置机器人个数等项目。（图1-3-5）

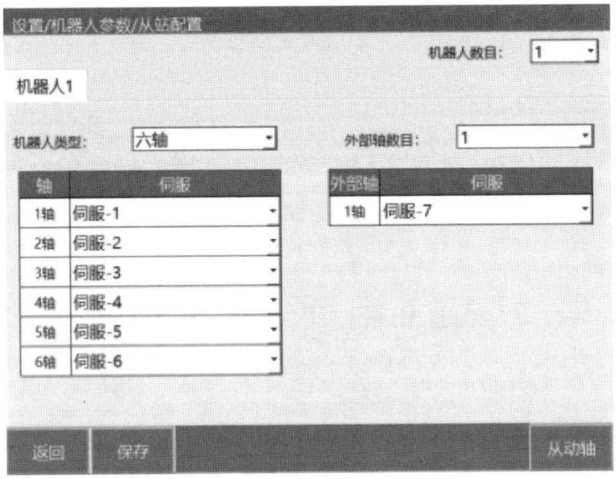

图1-3-5　机器人参数设置界面

该界面可以设置通讯周期。（图1-3-6）

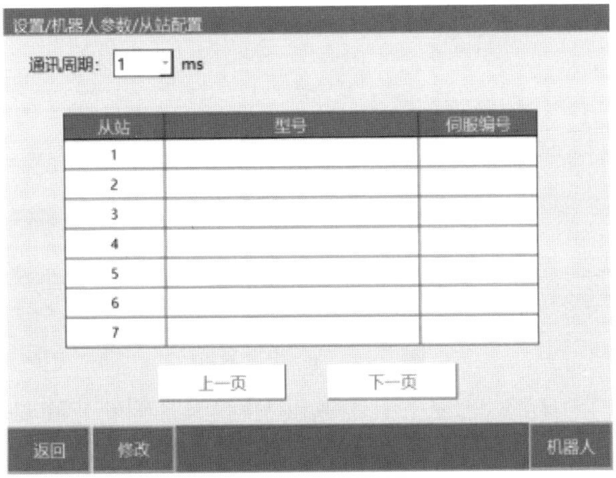

图1-3-6　通讯周期设置

从动轴设置,可以设置从动轴个数、从动轴伺服等参数。(图1-3-7)

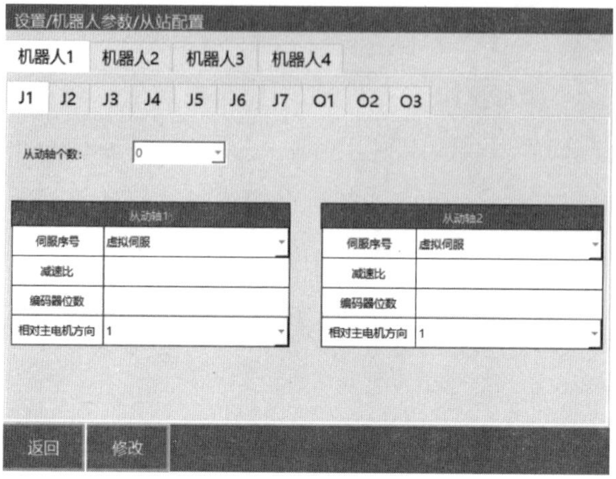

图1-3-7　从动轴设置界面

(2) IO配置。

在"设置－IO－IO配置"中进行串口模拟IO类型、虚拟IO数量的配置。如果机器人连接EtherCAT IO则无须设置,该串口模拟IO自动屏蔽成为无效状态。(图1-3-8)

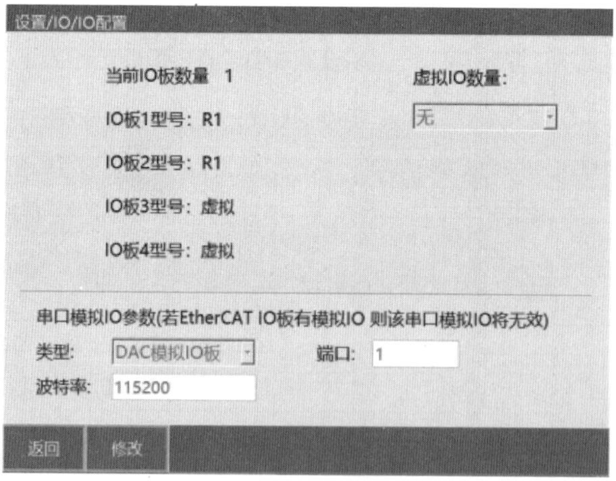

图1-3-8　IO配置界面

EtherCAT是一个以Ethernet(工业以太网)为基础的开放架构的现场总线系统,EterCAT名称中的CAT为Control Automation Technology(控制自动化技术)首字母的缩写。其最初由德国倍福自动化有限公司(Beckhoff Automation

GmbH)研发。EtherCAT为系统的实时性能和拓扑的灵活性树立了新的标准，同时，它还符合甚至降低了现场总线的使用成本。EtherCAT的特点还包括高精度设备同步、可选线缆冗余和功能性安全协议(SIL3)。(图1-3-9)

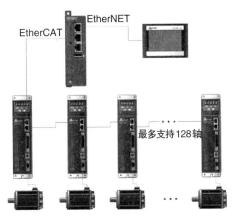

图1-3-9　EtherCAT控制框架

任何以太网设备均可连接到交换机的端口，使用标准浏览器访问web server。(图1-3-10)

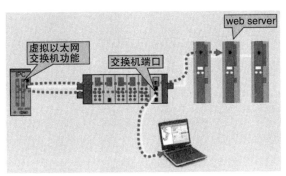

图1-3-10　以太网连接示意图

EtherCAT耦合器分为3种，下面分别介绍。

EK1100耦合器用于将EtherCAT与EtherCAT端子(ELxxxx)相连。一个站由一个EK1100耦合器、任意多个EtherCAT端子和一个总线末端端子组成。该耦合器将来自100baseTX以太网的传递报文转换为E总线信号。(图1-3-11)

耦合器通过上面的以太网接口与网络相连，下面的RJ45接口可用于在同一条电缆上连接其他EtherCAT设备。在EtherCAT网络中，可将

EK1100 耦合器安装在以太网信号传输部分（100baseTX）中的任意位置，但不能直接安装在交换机上。EK1000 耦合器（用于 E 总线部件）或 BK9000 总线耦合器（用于 K 总线部件）可直接与交换机相连。

图 1-3-11　EK1100 耦合器

EK1000 耦合器用于将 EtherCAT 与 EtherCAT 端子（ELxxxx）相连。一个站由一个 EK1000 耦合器、任意多个 EtherCAT 端子和一个总线末端端子组成。该耦合器将来自 100baseTX 以太网的传递报文转换为 E 总线信号。另外，它还能够在传递过程中处理 EtherCAT UDP 协议。耦合器通过上面的以太网接口（X1 IN）与网络相连，下面的 RJ45 接口（X2 OUT）可用于在同一条电缆上连接其他 EtherCAT 设备。在 EtherCAT 网络中，EK1000 耦合器可直接与交换机相连。耦合器 EK1100（用于 E 总线组件）或 BK1120（用于 K 总线组件）适合安装在以太网信号传输（100baseTX）过程中的其他位置。（图 1-3-12）

图 1-3-12　EK1000 耦合器

　　BK1120 总线耦合器将 EtherCAT 与成熟的 Beckhoff 总线端子系列中的 K 总线组件（KLxxxx）相连。一个站由一个 BK1120 总线耦合器、任意多个端子（最多为 64 个，带 K 总线扩展时最多为 255 个）和一个总线末端端子组成。该总线耦合器可识别所连接的端子，并自动将它们分配到 EtherCAT 过程映像中。总线耦合器通过上面的以太网接口（X1 IN）与网络相连，下面的 RJ45 接口（X2 OUT）可用于在同一条电缆上连接其他 EtherCAT 设备。在 EtherCAT 网络中，可将 BK1120 耦合器安装在以太网信号传输部分（100base-seTX）中的任意位置，但不能直接与交换机相连。BK1000 总线耦合器（用于 K 总线组件）或 EK1000（用于 E 总线部件）可直接与交换机相连。（图 1-3-13）

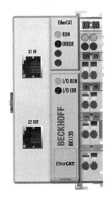

图 1-3-13　BK1120 耦合器

　　（3）DH 参数界面。

　　DH 参数界面可以预置机器人功能。通过查找下拉列表，选择合适的机器人型号，用户可以方便地设置机器人的各项参数。（图 1-3-14）

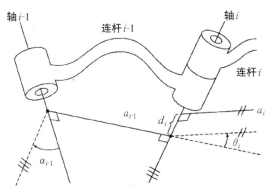

图 1-3-14　DH 参数定义

DH参数的定义:机器人的每个连杆都可以用以下4个参数来描述。连杆长度(a):两个相邻关节轴公垂线的长度。连杆转角(α):两个相邻关节轴的夹角。连杆偏距d:沿两个相邻连杆公共轴线方向的距离。关节角(θ):两相邻连杆绕公共轴线的夹角。

因此,DH参数描述了连杆以及连杆之间的连接,前两个参数描述连杆本身,后两个参数描述连杆之间的连接。

点击DH参数界面左上角"预置机器人",可以选择已经适配好的机器人型号。选择后机器人的DH参数、关节参数将自动填入。(图1-3-15)

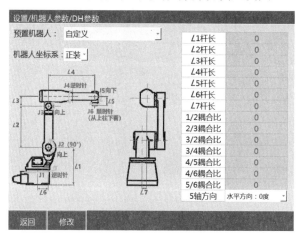

图1-3-15 DH参数设置界面

选择了预置机器人后需要手动修改零点。(图1-3-16)

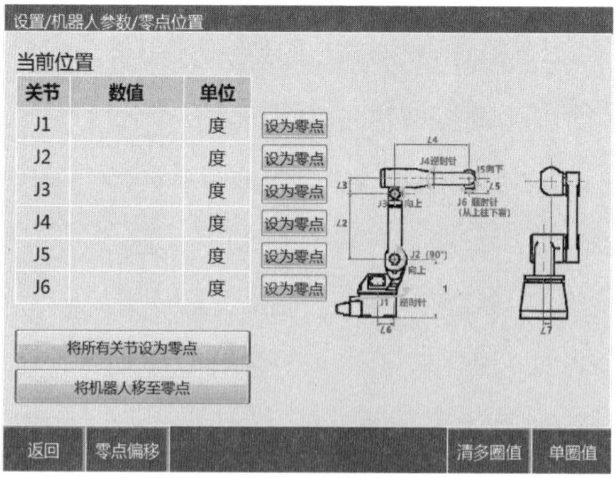

图1-3-16 零点设置界面

如果选项中没找到符合的机器人型号,需要按照以下步骤手动填写各参数。(图1-3-17)

设置/机器人参数/关节参数

关节参数设置

| J1 | J2 | J3 | J4 | J5 | J6 |

正限位	155	度	反限位	-155	度
减速比	121		编码器位数	17	
额定正转速	4000	转/min	额定反转速	-4000	转/min
最大正转速	1	倍数	最大反转速	-1	倍数
额定正速度	198.35	度/s	额定反速度	-198.35	度/s
最大加速度	2.12	倍数	最大减速度	-2.12	倍数
模型方向	1		关节实际方向	1	

| 返回 | 修改 | | | | 演示 |

图1-3-17　关节参数设置界面

在"设置－机器人参数－关节参数"中填写参数。点击右下角演示,出现示意参考图。根据图例单独点动机器人每一个轴,查看机器人每一个轴的正方向是否符合图例。(图1-3-18、表1-3-1)

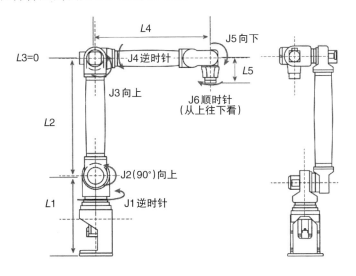

图1-3-18　关节运动参考图

表1-3-1　机器人轴关节运动方向表格

机器人类型	轴	正方向
六轴机器人	J1	逆时针
	J2	向上
	J3	向上
	J4	逆时针
	J5	向下
	J6	逆时针
四轴SCARA机器人	J1	逆时针
	J2	逆时针
	J3	向下
	J4	顺时针
四轴码垛机器人	J1	逆时针
	J2	向上
	J3	向上
	J4	逆时针
四轴关节机器人	J1	逆时针
	J2	向上
	J3	向上
	J4	向上

在"设置－机器人参数－零点位置"中设置机器人零点。机器人零点位置若五轴垂直向下,需要点击"修改",在DH参数界面中最后一行选择"五轴垂直",若是水平则在DH参数界面中选择"五轴水平"。(图1-3-19)

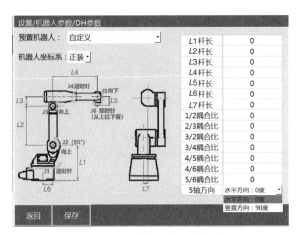

图1-3-19　选择5轴零点类型

在"设置－机器人参数－DH参数"中按照机器的实际参数进行填写,其中的加速度和减速度可以设置为最大正速度和最大反速度的4～6倍。

（4）重启控制器。

在"设置－系统设置－更多设置"中重新启动系统(机器人配置修改后重启生效)。(图1-3-20)

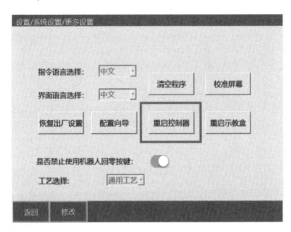

图1-3-20　设置重启控制器

四、机器人坐标系

坐标系是指从一个被称为原点的固定点通过轴定义平面或者空间,机器人目标和位置通过沿坐标系轴的测量来定位,机器人使用若干坐标系,每一个坐标系都适用于特定类型的微动控制或编程。

1.直角坐标系

笛卡尔坐标系(Cartesian coordinates)就是直角坐标系和斜坐标系的统称。相交于原点的两条数轴,构成了平面放射坐标系。如两条数轴上的度量单位相等,则称此放射坐标系为笛卡尔坐标系。两条数轴互相垂直的笛卡尔坐标系,称为笛卡尔直角坐标系,否则称为笛卡尔斜角坐标系。(图1-4-1)

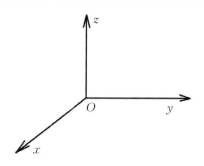

图1-4-1 坐标示意图

右手定则:右手拇、食、中三指成垂直状,拇指对应 x 轴正向;食指对应 y 轴正向;中指对应 z 轴正向。如图1-4-2所示。

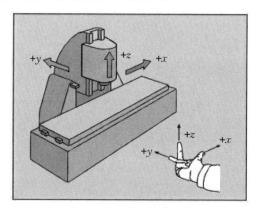

图1-4-2 右手定则

在直角坐标系参考系中,机器人前端沿基座的 x 轴、y 轴、z 轴平行运动。A、B、C分别为绕 x、y、z 轴转动。本机器人系统使用的欧拉角顺序为 $x'y'z'$,固定角顺序为 zyx。(图1-4-3、图1-4-4)

机器人在直角坐标系的状态下,与本体轴 x、y、z 轴平行运动,如图1-4-5所示。

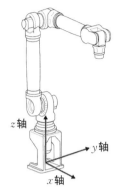

图1-4-3　直角坐标系的轴操作

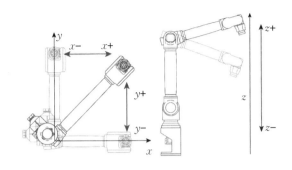

图1-4-4　直角坐标系方向示意

轴名称		轴操作	动作
基本轴	x轴	$x+/x-$	沿 x 轴平行移动
	y轴	$y+/y-$	沿 y 轴平行移动
	z轴	$z+/z-$	沿 z 轴平行移动
姿态轴	A 轴	A+/A-	绕 x 轴旋转
	B 轴	B+/B-	绕 y 轴旋转
	C 轴	C+/C-	绕 z 轴旋转

图1-4-5　直线轴操作方向对照

2. 关节坐标系

选择关节坐标系,机器人各个轴可单独动作。当按下机器人没有的轴操作键时,不做任何动作。(图1-4-6、图1-4-7)

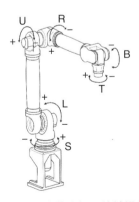

图1-4-6　关节坐标系的轴操作

轴名称		轴操作	动作
基本轴	S 轴	S+/S-	本体左右旋转
	L 轴	L+/L-	下臂前后运动
	U 轴	U+/U-	上臂上下运动
腕部轴	R 轴	R+/R-	手腕旋转
	B 轴	B+/B-	手腕上下运动
	T 轴	T+/T-	手腕旋转

图1-4-7　关节轴操作方向对照

3. 工具坐标系

工具坐标系(tool frames):把机器人腕部工具的有效方向作为z轴,把坐标系原点定义在工具的尖端点,本体尖端点根据坐标系平行运动,TA、TB、TC分别绕Tx、Ty、Tz轴转动。(图1-4-8)

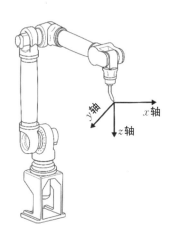

图1-4-8　工具坐标系示意图

在工具坐标系的状态下,机器人沿定义在工具尖端点的x、y、z轴平行运动。工具坐标系把安装在机器人腕部法兰盘上的工具有效方向作为z轴,把坐标定义在工具尖端点。工作坐标系的方向随腕部动作而变化,如图1-4-9所示。工具坐标的运动不受机器人位置或姿势的变化影响,主要以工具的有效方向为基准进行运动。综上所述,工具坐标运动模式最适合在工具姿势始终与工件保持不变、平行移动的轨迹要求中使用。(图1-4-10)

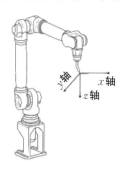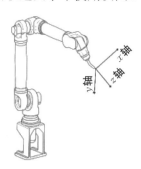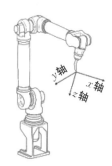

图1-4-9　工具坐标系示意

轴名称		轴操作	动作
基本轴	Tx轴	Tx+/Tx-	沿Tx轴平行移动
	Ty轴	Ty+/Ty-	沿Ty轴平行移动
	Tz轴	Tz+/Tz-	沿Tz轴平行移动
姿态轴	TA轴	TA+/TA-	绕Tx轴旋转
	TB轴	TB+/TB-	绕Ty轴旋转
	TC轴	TC+/TC-	绕Tz轴旋转

图1-4-10　工具坐标系操作方向对照

4. 用户坐标系

用户坐标系（user frames）：xyz直角坐标在任意位置定义，本体尖端点根据坐标平行运动。（图1-4-11、图1-4-12）

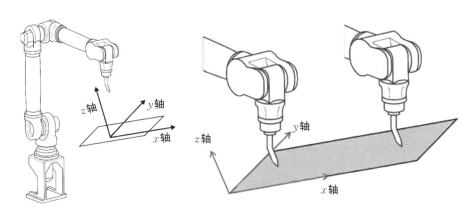

图1-4-11　用户坐标系示意图　　图1-4-12　本体尖端点根据坐标平行移动

在用户坐标系中，在机器人动作范围的任意位置，设定任意角度的x、y、z轴，机器人与设定的轴平行移动，如图1-4-13和图1-4-14所示。

使用用户坐标的使用，可使各种示教操作更为简单。有多个夹具平台时，使用各夹具平台设定的用户坐标，可使手动操作更为简单。

当从事排列、码垛作业时，若将用户坐标设定在托盒上，那么设定平行移

动时的位移增加值,就变得更为简单。(图1-4-15)

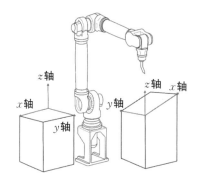

轴名称		轴操作	动作
基本轴	Ux轴	Ux+/Ux-	沿 Ux轴平行移动
	Uy轴	Uy+/Uy-	沿 Uy轴平行移动
	Uz轴	Uz+/Uz-	沿 Uz轴平行移动
姿态轴	UA 轴	UA+/UA-	绕 Ux轴旋转
	UB 轴	UB+/UB-	绕 Uy轴旋转
	UC 轴	UC+/UC-	绕 Uz轴旋转

图1-4-13 用户坐标系应用示意图　　　图1-4-14 用户坐标系操作方向对照

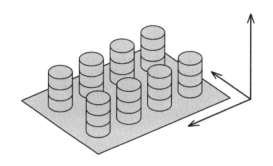

图1-4-15 码垛作业的坐标系设置示范

与传送带同步运行时,指定传送带的运动方向,如图1-4-16所示。

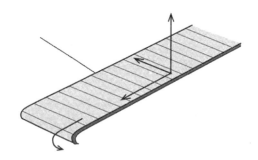

图1-4-16 指定传送带的运动方向

5. 示教器参数设置

检查笛卡尔参数、手动速度、运行参数界面的数据是否正确。(图1-4-17、图1-4-18)

图1-4-17　笛卡尔参数设置界面

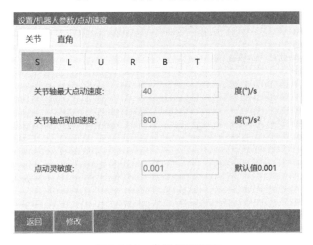

图1-4-18　参数设置界面

练习题

1. 请独立进行慧诚机器人示教器接线任务。

2. 请独立进行慧诚机器人关节运动操作，并总结关节运动操作注意事项。

3. 请独立进行慧诚机器人坐标系知识点总结。

培训任务二　慧诚机器人基本操作

一、示教器按键介绍

慧诚机器人使用两款示教器,分别是 T20(图 2-1-1)和 T30(图 2-1-2)。下面介绍 T20 示教器的按键用途。(图 2-1-3)

图 2-1-1　旧款 T20 示教器

图 2-1-2　新款 T30 示教器

图 2-1-3　T20 示教器背面右侧安全开关

示教器按钮介绍如图所示。(图2-1-4)

 U	切换到用户界面
 ⚒	切换到设置界面
 X=	切换到变量界面
 ▣	切换到工程界面
 ▤	切换到程序界面
 ⊾	切换当前示教使用的坐标系
 ⚠	切换到日志界面
 F1	伺服报错后清错(仅在示教模式下有效)
 F2	预留
 Mot	切换当前伺服状态
 Rob	切换当前机器人(仅多机模式时可用)
 Jog	在当前机器人与外部轴之间切换(仅在有外部轴时可用)
 F/B	切换示教模式下单步运行程序时为顺序执行还是逆序执行
 Step	在示教模式下单步运行程序
 V-	降低示教或运行速度
 V+	增大示教或运行速度
 Stop	运行模式下暂停程序
 Start	运行模式下开始程序
—	示教时对应轴负方向运行
 +	示教时对应轴正方向运行
2nd	回到零点
 ⬉	左边,切换到示教模式
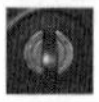 ⬆	中间,切换到运行模式
 ⬈	右边,切换到远程模式

图2-1-4 操作按钮简介

二、示教器顶部菜单介绍

示教器菜单如图2-2-1所示。

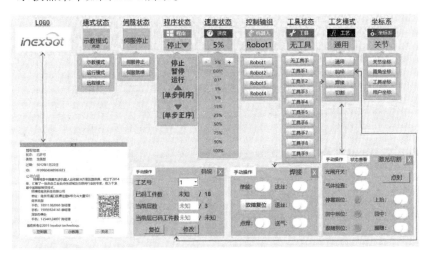

图2-2-1　下拉菜单示意图

1. 模式状态

模式状态:通过旋转"模式选择钥匙"来进行切换,分别有示教模式、远程模式和运行模式。(图2-2-2)

图2-2-2　模式选择菜单

示教模式是使用示教器进行低速手动操作的模式。

运行模式是示教器无效状态下机器人全速运动的模式。

远程模式是使用远程信号控制机器人运动的模式。

2. 伺服电机状态

伺服状态:启动程序后按下"Mot"动作按键,伺服电机从"伺服停止"状态切换到"伺服就绪"状态。(图2-2-3)

图2-2-3　伺服状态菜单

在示教模式下按下"DEADMAN"按键,在"再现模式"或"循环模式"运行程序,伺服电机状态自动切换为"伺服运行"状态。

3. 程序状态

程序状态为程序的运行状态。当在"示教模式"以STEP单步运行或在"再现模式""循环模式"下运行程序时,程序状态切换为"运行"状态。(图2-2-4)

图2-2-4　程序状态菜单

4. 速度状态

点动速度:操作人员通过按下示教器底部的"V－""V＋"来增大或减少点动速度。(图2-2-5)

图2-2-5　速度状态菜单

速度增大的步骤:按下示教器底部的"V+"速度增加按键。每按一次,点动速度按以下顺序变化:微动1→微动2→低5%→低10%→中25%→中50%→高75%→高100%。

速度减少的步骤:按下示教器底部的"V−"速度减少按键。每按一次,点动速度按以下顺序变化:高100%→高75%→中50%→中25%→低10%→低5%→微动2→微动1。

5. 机器人状态

技术人员可以通过按下示教器底部的"Rob"按键进行切换。(图2-2-6)

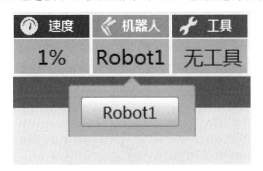

图2-2-6　机器人状态菜单

6. 工具状态

技术人员通过按下示教器底部的"JOG"按键进行切换,分别是"工具手

1""工具手2""工具手3""工具手4""工具手5""工具手6""工具手7""工具手8""工具手9"状态。(图2-2-7)

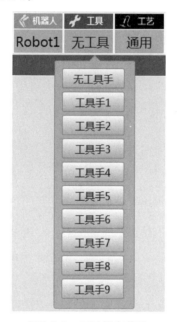

图2-2-7　工具状态菜单

7. 工艺模式

示教状态下通过手动点击模式选择进行切换,分别是通用、码垛、焊接、切割四种工艺模式。(图2-2-8)

图2-2-8　工艺模式切换菜单

8.坐标系切换

技术人员通过按下示教器左侧的坐标系切换按钮可以进行坐标系的切换。坐标系分为关节坐标系、直角坐标系、工具坐标系、用户坐标系四种。(图2-2-9)

图2-2-9　坐标系切换菜单

三、示教器左侧菜单介绍

1.操作级别

系统默认为最低操作级别的操作员状态,在进行机器人调试任务时,需要修改系统用户权限,使用更高级别的权限。

进入用户界面,点击界面左边的"操作员"。(图2-3-1)

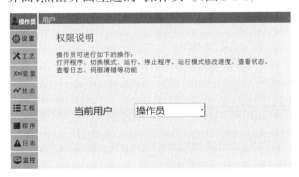

图2-3-1　操作员界面

系统用户权限等级分为操作员、技术员和管理员三个级别。

如果需要变更为不同用户,请点击"当前用户",下拉菜单,选择操作区的相应用户项目并输入密码(操作员等级不需要密码)。

管理员级别是权限最高的用户权限,可以进行所有操作,密码是123456。(图2-3-2)

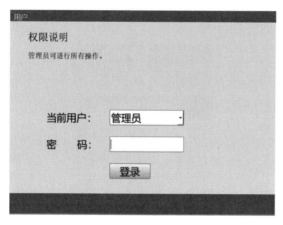

图2-3-2　切换用户权限界面

技术员可以进行如下操作:切换界面;切换模式;新建、重命名、删除、打开程序1;插入、修改、删除指令;运行程序;查看所有数据状态;标定工具手参数;标定用户坐标;设置IO;设置远程程序;设置复位点,设置所有工艺参数;查看日志;导出日志;升级程序。(图2-3-3)

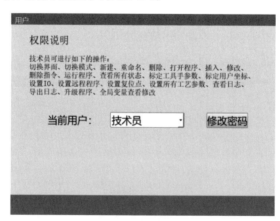

图2-3-3　技术员选项

2.设置界面

设置界面内包含了"工具手设定""用户坐标设定""系统设置""远程程序设置""复位点设置""IO""机器人参数""外部轴参数""人机协作""modbus参

数""后台任务""网络设置""数据上传""程序自启动""操作参数"十五个界面。如果需要进入界面进行参数设置,请在设置界面的主内容区中选中相应的图标。(图2-3-4)

图2-3-4 设置界面

1)工具手标定

工具校验的主界面包含了绕各轴偏移的参数设置。(图2-3-5、图2-3-6)

点击底部操作区的"7点标定"按键,可以打开"7点标定"界面。

点击底部操作区的"20点标定"按键,可以打开"20点标定"界面。

点击底部操作区的"返回"按键,可以返回"设置"界面。

图2-3-5 工具手标定　　　　　　图2-3-6 标定界面

界面"7点标定"界面的每一个位置对应着工具状态和操作按键。点击每一个位置对应的"标定"按键,可以将当前位置的工具状态改变为"已标定",

具体的标定步骤见后文。(图 2-3-7)

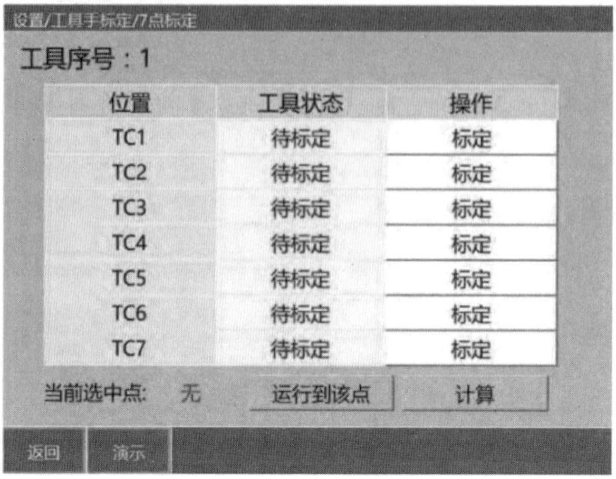

图 2-3-7 "7点标定"界面

"20点标定"界面的每一个位置对应着工具状态和操作按键。点击每一个位置对应的"标定"按键,可以将当前位置的工具状态改变为"已标定",最后点击右边栏目的"计算"按键,机器人自动计算工具坐标系相关数值,标定完成。

点击右边栏目的"运行到该点",机器人将会运动到光标所在的已记录空间点位置。(图 2-3-8)

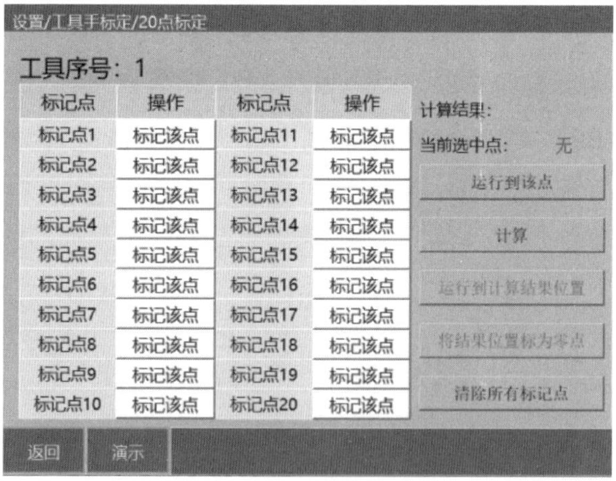

图 2-3-8 "20点标定"界面

点击底部操作区的"演示"按键,可以打开演示界面,学习如何进行工具坐标系的标定工作。

点击底部操作区的"返回"按键,可以返回"工具标定"主界面。

2)用户坐标标定

用户坐标系设定界面包含了坐标系参考点的参数设置。

点击底部操作区的"用户标定"按键,可以打开用户坐标系标定界面,点击底部操作区的"返回"按键,可以返回"用户标定"主界面。用户标定界面每一个位置对应的工具状态和操作按键如图2-3-9所示。

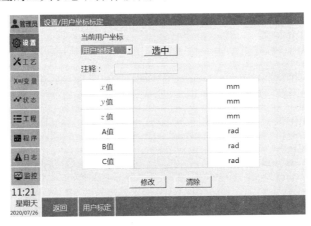

图2-3-9　用户坐标系设定界面

点击每一个位置对应的"标定"按键,可以将当前位置的工具状态改变为"已标定",最后点击界面下方的"计算"按键,机器人自动计算工具坐标系相关数值,标定完成。(图2-3-10)

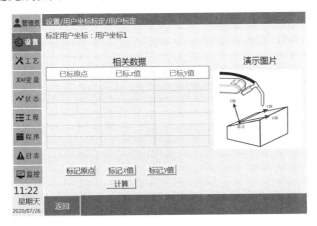

图2-3-10　用户标定界面

3) 系统设置

系统设置界面包含控制机器人设置的修改。其中包括"版本升级""时间设置""ip设置""导出程序""导入程序""一键备份系统""修改示教器配置""导出控制器配置""导入控制器配置""导出日志""数据库升级""更多设置"等操作。(图2-3-11)

图 2-3-11　系统设置界面

点击底部"返回"按键,可以返回"设置"界面。

(1) 版本升级。

点击操作区的"版本升级"按键,可以打开操作面板窗口,在操作面板窗口中可以查看控制器版本和示教器版本情况,进行版本检测升级操作。(图2-3-12)

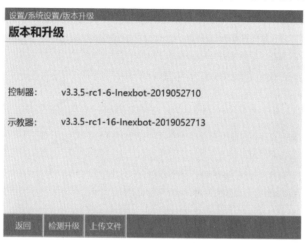

图 2-3-12　控制柜和示教器版本界面

点击底部的"检测升级"按键,插入U盘,可以进行机器人版本升级工作。

点击底部的"上传文件"按键,插入U盘。upgrade为上传文件夹,该文件夹里面为需要上传的文件,文件类型为eni等类型。

点击底部的"返回"按键,可以返回"系统设置"界面。

(2)时间设置。

点击操作区的时间"设置按键"按键,可以打开操作面板窗口。在操作面板窗口可以方便查看系统时间和进行系统时间的修改,如图2-3-13所示。

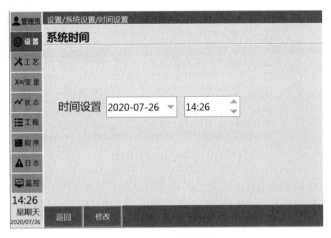

图2-3-13 系统时间界面

点击修改按键,可以进行时间的修改。(图2-3-14)

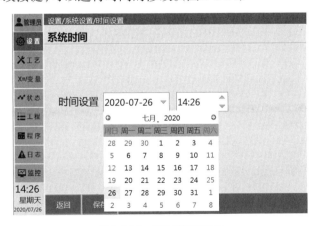

图2-3-14 时间修改界面

点击底部的"返回"按键,示教器返回"系统设置"界面。

（3）ip设置。

点击操作区的"ip设置"按钮，可以打开操作面板窗口。在操作面板窗口中可以查看系统当前连接的ip、连接ip，修改控制器ip，修改控制器网关、本机ip，修改示教器ip，修改示教器网关等。（图2-3-15）

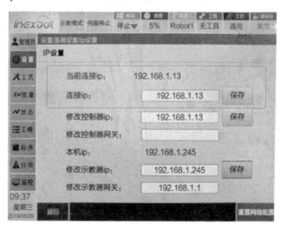

图2-3-15　ip设置界面

ip设置界面的右下方是"重置网络配置"按键，点击将出现提示对话框，提示确认是否重置网络配置，如图2-3-16所示。如果确认初始化ip数据，点击"是"。如果不希望初始化ip数据，点击"否"。

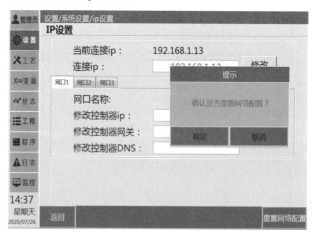

图2-3-16　重置网络配置界面

（4）程序设置。

在示教器插入U盘的前提下，点击导出、导入程序的图标，进行程序的导

入和导出。(图2-3-17)

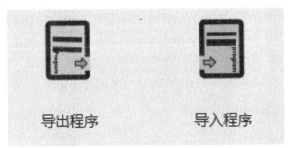

图2-3-17　导出导入程序的图标

如果没有从插入U盘或U盘不能被示教器识别,则出现提示,如图2-3-18所示。

图2-3-18　导入导出程序提示

在示教器插入U盘的前提下,点击一键备份系统、修改示教器配置、导出日志等图标,可以进行相应的操作,如图2-3-19所示。

图2-3-19　数据传递项目

(5)更多设置。

"更多设置"图标如图2-3-20所示。

图2-3-20　"更多设置"图标

系统设置界面如图2-3-21所示。

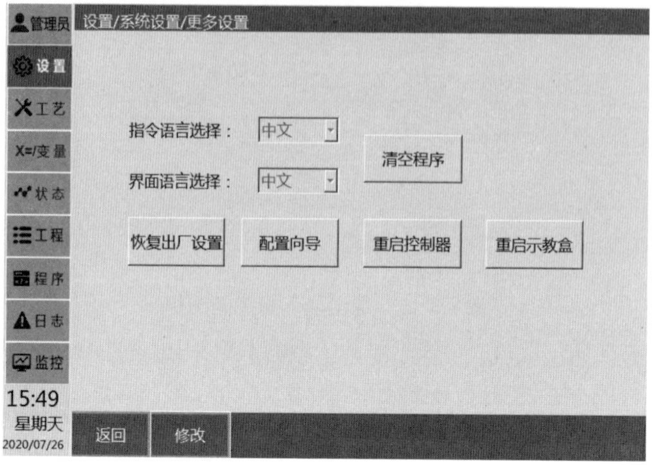

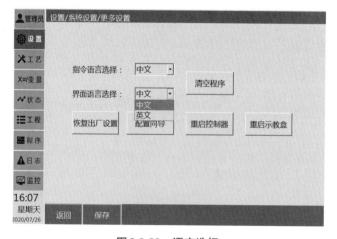

图2-3-21 系统设置界面

点击"恢复出厂设置",机器人关键参数和程序都会被清除。

点击"配置向导",则可以回到"设置—机器人参数—机器人配置—IO设置"。

点击"重启控制器",控制器将清除控制柜的信号后重新启动。

点击"重启示教盒",控制器将清除示教器的内存数据后重新启动。

点击"清空程序",机器人将清空所有程序。

点击"修改",可以切换指令语言选择和界面语言选择。(图2-3-22)

图2-3-22 语言选择

点击"恢复出厂设置"按键,出现提示,如图2-3-23~图2-3-25所示。

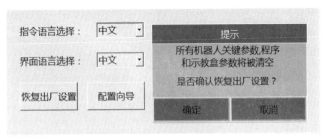

图2-3-23　恢复出厂设置提示

图2-3-24　是否进入开机设置引导程序提示

图2-3-25　确认是否重启提示

(6)远程程序设置。

远程程序设置界面用于配置在远程模式下触摸屏或IO控制设备运行的程序。(图2-3-26)

图2-3-26　远程程序设置界面

点击运行次数和可选程序,出现菜单,进行选择。(图2-3-27)

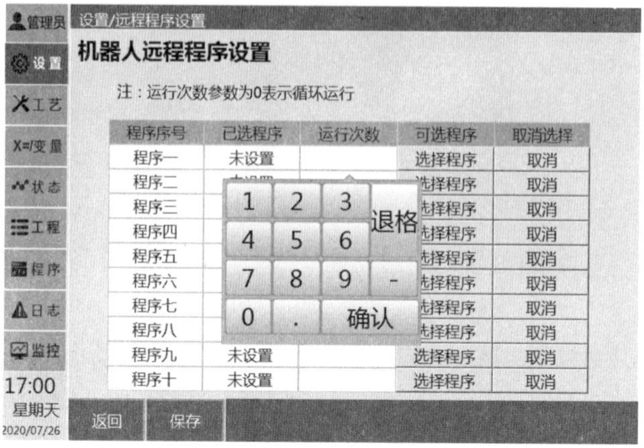

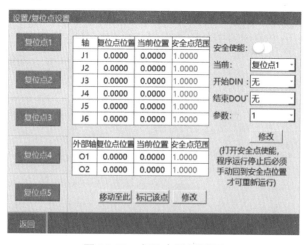

图2-3-27   选择次数菜单

点击底部的"返回"按键,可以返回上一级页面。

点击底部的"修改"按键,可以修改运行程序参数。

点击"选择程序"按键,可以选择远程控制对应的程序。

点击"运行次数"下的输入框,可以设置程序运行次数。如果选择为"0",表示循环运行。

(7) 复位点设置。

复位点设置用来设置机器人的复位点,用来实现某些功能的复位,例如焊接等。(图2-3-28)

图2-3-28   复位点设置界面

如果激活安全使能功能,程序完全停止后必须手动回到安全点位置才可重新运行。

(8)配置IO。

IO界面包含了"IO配置""IO功能""IO复位""使能IO""报警消息"等内容。(图2-3-29)

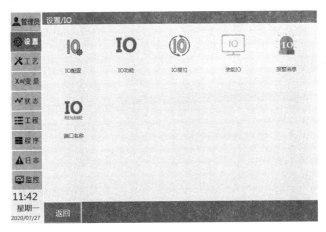

图2-3-29　设置IO界面

点击底部的"返回"按键,可以回到"设置"界面。

在IO配置界面,技术人员可以设置串口模拟参数等内容,如图2-3-30所示。

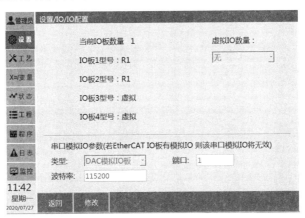

图2-3-30　IO信号配置界面

在IO功能界面,可以设置"功能选择""状态提示设置""安全设置"参数。(图2-3-31)

图 2-3-31　IO**功能界面**

在"功能选择"界面,技术人员可以设置DIN序号、参数、备注等内容,如图 2-3-32所示。

功能	DIN序号	参数	备注
启动	无	0	机器人1启动
停止	无	0	机器人1停止
暂停	无	0	机器人1暂停
清除报警	无	0	清除机器人1伺服错误
预约并启动	无	关	预约IO后将自动启动运行
远程IO程序1	无	0	设置程序
远程IO程序2	无	0	设置程序
远程IO程序3	无	0	设置程序
远程IO程序4	无	0	设置程序
远程IO程序5	无	0	设置程序

图 2-3-32　IO**功能选择**

在"状态提示设置"界面,技术人员可以设置其他和备注等内容,如图 2-3-33所示。

功能	DOUT序号	其他	备注
开机提示	无	预留	开机提示
Robot1运行状态	无	预留	机器人1运行状态
报错提示	无	常亮	伺服报错等提示
使能	无	预留	机器人1上电状态提示
示教模式	无	预留	示教模式输出IO
运行模式	无	预留	运行模式输出IO
远程模式	无	预留	远程模式输出IO
远程IO程序1输出	无	预留	
远程IO程序2输出	无	预留	
远程IO程序3输出	无	预留	

图 2-3-33　IO**状态提示设置**

在"安全设置"界面,技术人员可以设置紧急停止和安全光栅是否生效、DIN序号、参数、快速停止示教和注释等内容,如图2-3-34所示。

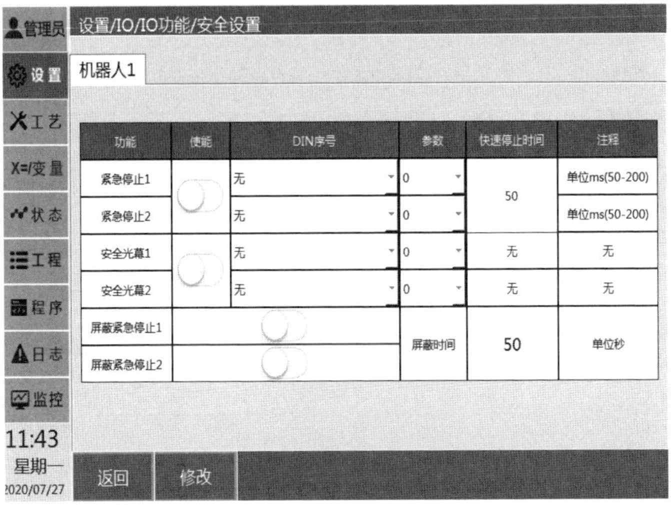

图2-3-34　IO安全设置

点击操作区的"IO重置"按键,可以打开操作面板窗口。IO重置界面包含 IO 复位、切模式停止、程序报错停止。如图2-3-35所示。

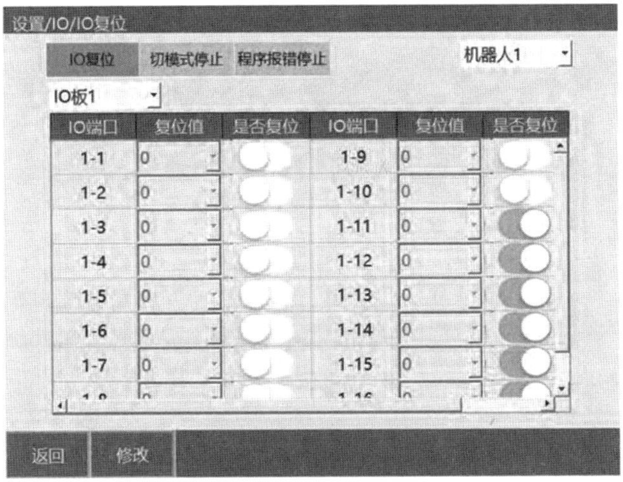

图2-3-35　IO复位界面

点击底部的"返回"按键,可以返回"外设设置"界面。

点击底部的"修改"按键,可以修改其中IO端口。

（9）机器人参数。

机器人参数界面包含了"机器人范围""零点位置""DH 参数""关节参数""笛卡尔参数""点动速度""运动参数""从站配置""伺服参数""NP 参数""干涉区范围""跟随误差"等项目，如图 2-3-36 所示。

图 2-3-36　机器人参数主界面

点击操作区的"机器人范围"按钮，可以打开操作面板窗口。机器人范围设置界面包含了各轴范围设置参数，如图 2-3-37 所示。

图 2-3-37　机器人范围设定界面

点击底部的"范围标定"按键,可以进行机器人 x、y、z 三轴的范围标定,底部的"返回"按钮,可以返回"机器人参数"界面。(图2-3-38)

点击操作区的"零点位置"按键,可以打开操作面板窗口。零点位置界面包含了各关节当前位置坐标和当前零点位置的坐标。(图2-3-39)

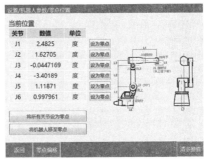

图2-3-38　范围标定界面　　　　图2-3-39　零点位置

点击"将机器人移至零点"按键可以将机器人运动到当前的零点位置。GUEST 用户组点击"设为零点"或者"将所有关节设为零点",弹出管理输入密码对话框。伺服就绪状态下,按下DEADMAN键后,再按"将机器人移至零点",为确保机器人安全,速度值自动调整为1%运行,可手动调节增加运动速度。点击底部"返回"按键,可以返回到"机器人"界面。

点击操作区的"DH 参数"按钮,可以打开操作面板窗口。DH 参数设置界面分为左右两部分,左半部分为参照图,表示 $L1\sim L7$ 每个参数的意义。右半部分为参数修改区。(图2-3-40)

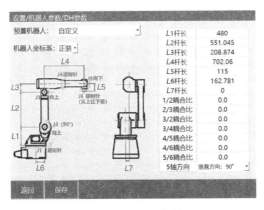

图2-3-40　DH参数

点击底部的"返回"按钮,可以返回"DH参数修改"界面。

点击底部的"修改"按钮,可以返回到"设置"界面。

点击操作区的"关节参数"按钮,可以打开操作面板窗口。关节参数设置界面包含了各关节范围设置参数。(图2-3-41)

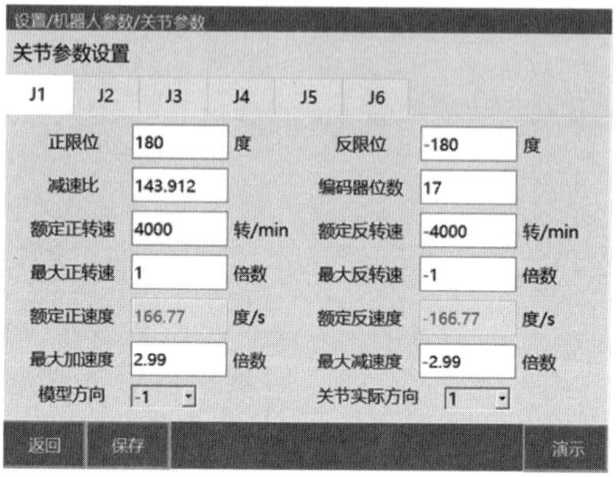

图2-3-41 关节参数设置界面

点击底部的"修改"按钮,可以进行机器人关节参数修改。

点击底部的"返回"按钮,可以返回"机器人参数"界面。

点击右下角"演示"按钮,可以看到具体详情。

点击操作区的"笛卡尔参数"按钮,打开操作面板窗口。笛卡尔设置界面包含了最大速度、最大加速度以及最大加加速度和最大减速度范围设置参数。(图2-3-42)

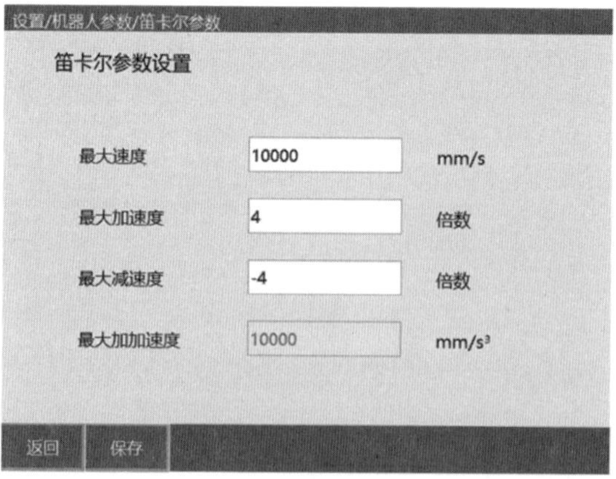

图2-3-42 笛卡尔坐标系设置界面

点击底部的"修改"按钮,可以进行机器人笛卡尔参数修改。

点击底部的"返回"按钮,可以返回"机器人参数"界面。

点击操作区的"点动速度"按钮,可以打开操作面板窗口。点动速度设置界面包含了各个关节轴最大点动速度和关节轴点动加速度范围设置参数。(图2-3-43)

点击底部的"修改"按钮,可以进行机器人点动速度修改。(图2-3-44)

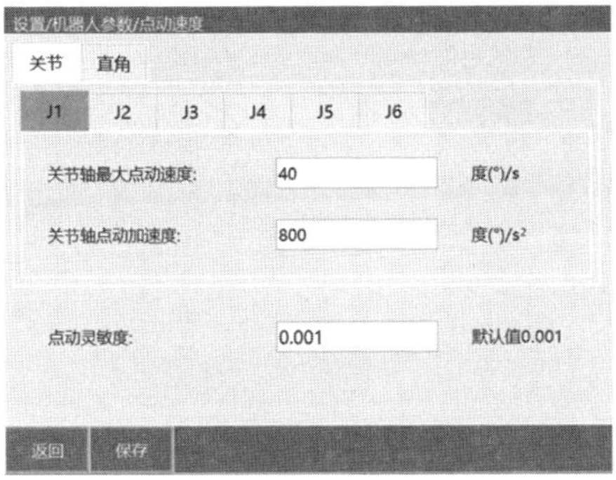

图2-3-43 **点动关节速度设置界面**

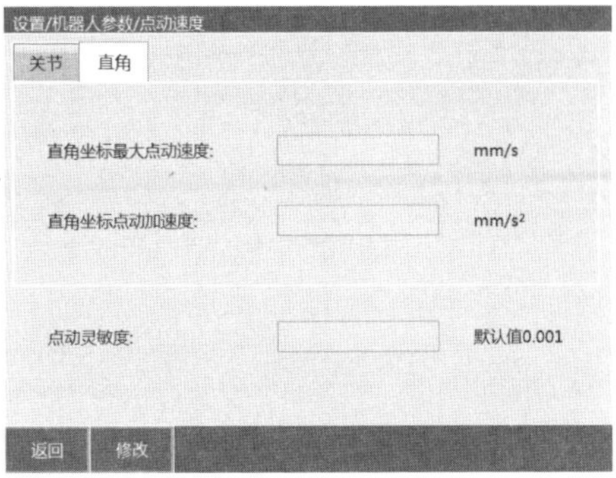

图2-3-44 **点动直角速度设置界面**

点击底部的"返回"按钮,可以返回"机器人参数"界面。

点击操作区的"运动参数"按钮,可以打开操作面板窗口。界面为机器人插补方式的界面。(图2-3-45)

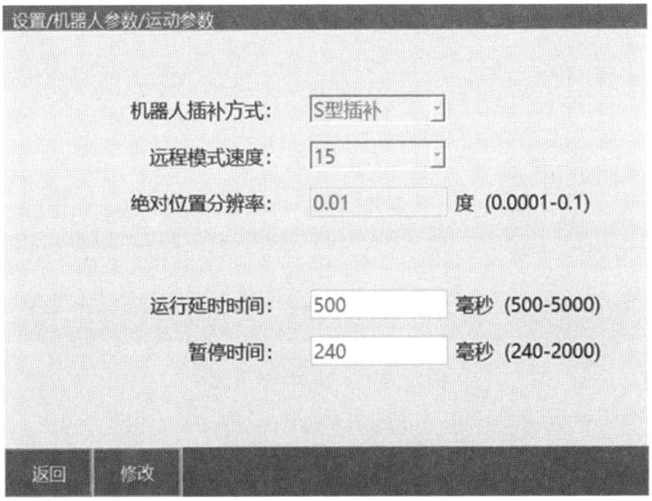

图2-3-45 **插补方式选择界面**

点击底部的"修改"按钮,可以进行机器人插补方式选择。

点击底部的"返回"按钮,可以返回"机器人参数"界面。

点击底部的"修改"按钮,可以修改从站配置参数。(图2-3-46)

点击底部的"返回"按钮,可以返回"机器人参数"界面。

点击"机器人"按钮,可以配置机器人类型和外部轴数目。(图2-3-47)

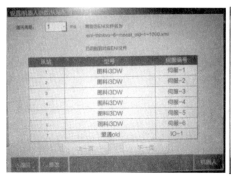

图2-3-46 从站配置

图2-3-47 机器人配置

点击操作区的"NP参数"按钮,界面为NP参数界面。(图2-3-48)

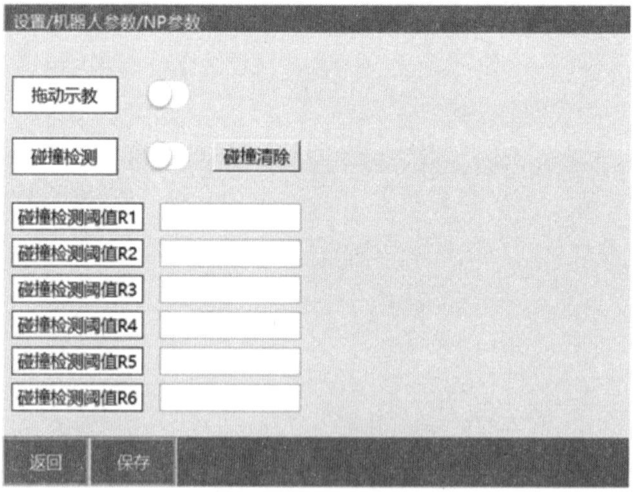

图2-3-48 NP参数界面

点击底部的"修改"按钮,可以修改NP参数。

点击底部的"返回"按钮,可以返回"机器人参数"界面。

机器人干涉区是定义一个空间区域,机器人到达该区域发出信号给外围

この

设备,实现安全信号交互效果。(图2-3-49)

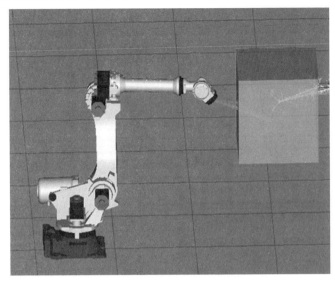

图2-3-49　机器人干涉区示意图

点击操作区的"干涉区范围"按钮,界面为干涉区设置界面。(图2-3-50)

图2-3-50　干涉区设置界面

点击底部的"修改"按钮,可以修改干涉区参数。

点击底部的"返回"按钮,可以返回"机器人参数"界面。

(10) 外部轴参数。

外部轴参数主界面包含了"外部轴标定""零点位置""关节参数""点动速度"四个操作按钮。(图2-3-51)

图 2-3-51 外部轴设置界面

如果设备没有配备外部轴设备,将会出现无法设置参数的提示,如图 2-3-52 所示。

图 2-3-52 没有外部轴的示教器提示画面

(11) 后台任务。

后台任务可以与主程序并行执行,提供一些指令进行程序控制与条件判断。(图 2-3-53)

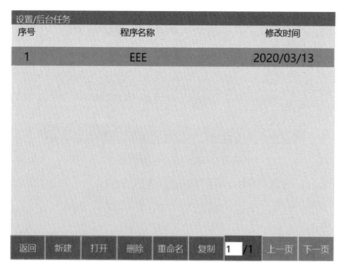

图 2-3-53 后台任务界面

点击底部的"返回"按钮,可以返回设置主界面。

点击底部的"新建"按钮,新建后台任务程序。

点击底部的"打开"按钮,可以打开后台任务程序。

点击底部的"删除"按钮,可以删除后台任务程序。

点击底部的"重命名"按钮,可以重命名后台任务程序。

点击底部的"复制"按钮,可以复制后台任务程序。

点击底部的"上一页"按钮,显示上一页后台任务程序。

点击底部的"下一页"按钮,显示上一页后台任务程序。

点击程序界面下方的"插入"按键,出现指令输入界面,如图2-3-54所示。后台任务支持的指令有输入输出类、定时器类、运算类、条件控制类、变量类、通信类、位置变量类、坐标切换类、程序控制类等。

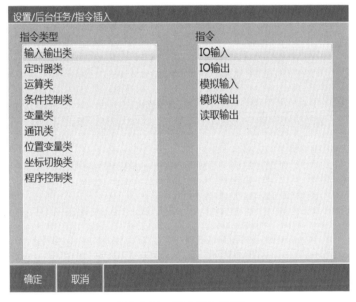

图2-3-54　指令输入界面

点击底部的"确认"按钮,可以插入指令。

点击底部的"取消"按钮,可以返回后台任务程序界面。

(12) 程序自启动。

设置程序自启动,控制器重启时会直接切至运行模式运行程序。(图2-3 -55)

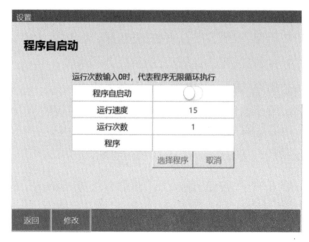

图2-3-55　程序自启动界面

点击底部的"返回"按钮,可以返回设置主界面。

点击底部的"修改"按钮,可以设置程序自启动参数。

操作参数界面可设置预约模式、回零键禁用、工艺模式切换、滚轮键禁用、运行模式上电、角/弧度显示、非物理按键切模式、远程模式是否使用断点执行等功能。(图2-3-56)

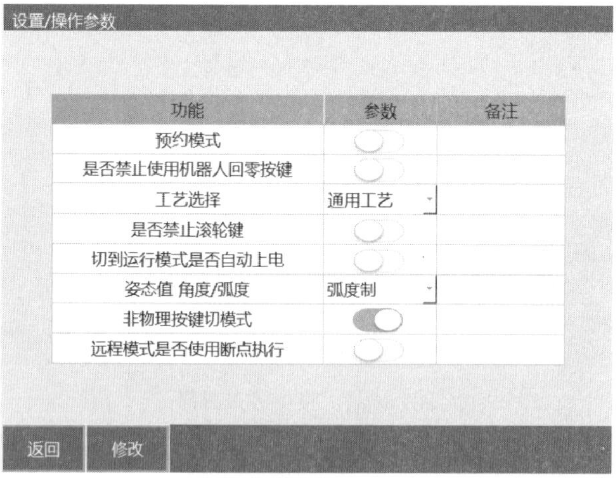

图2-3-56　操作参数设置界面

预约模式:打开后远程模式IO控制为预约模式,关闭则为非预约模式。

是否禁止使用机器人回零按键:打开则禁用回零按键。

工艺选择:可以设置通用工艺、专用工艺。

是否禁止滚轮键：打开则禁止使用滚轮键。

切到运行模式是否自动上电：打开则切到示教模式自动上电。

姿态值/角度/弧度：弧度制、角度制切换。

非物理按键切模式：关闭只能使用物理旋钮切模式。

远程模式是否使用断点执行：打开则使用断点执行，关闭则不使用。

点击底部的"返回"按钮，可以返回设置主界面。

点击底部的"修改"按钮，可以设置操作参数。

3. 工艺界面

工艺界面包含了"码垛工艺""焊接工艺""视觉工艺""激光切割工艺""喷涂工艺""专用工艺""传送带跟踪工艺""打磨工艺""电批工艺"九个工艺界面。若要进入相应功能界面，请在工艺界面的主内容区选中相应的工艺图标。（图2-3-57、图2-3-58）

图2-3-57　工艺界面

（新版系统的跟踪工艺入口迁至焊接工艺中）

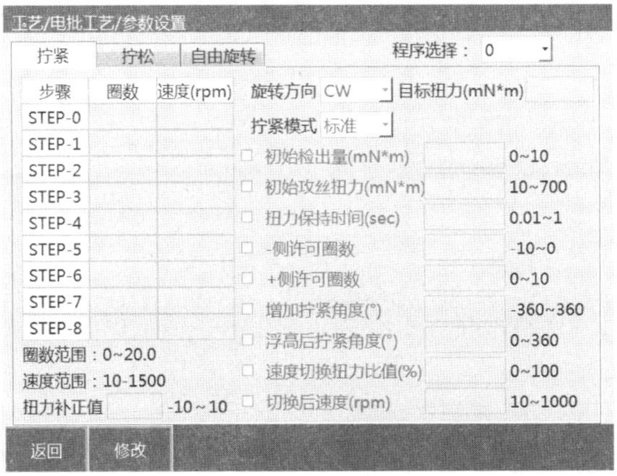

图2-3-58　电批参数设置界面

4.变量界面

变量界面内包含了"全局位置"和"全局数值"两个界面。设置"变量"的目的在于:提前设置所需的变量,以备调用,不必每次重复设置变量。

若要进入这个界面,请在变量界面的主内容区中选中相应的图标。(图2-3-59)

图2-3-59 变量主界面

"全局位置变量"界面的主界面分为左、右两个部分,左边的部分为位置变量配置文件区,共有99个变量提供使用;右半部分为参数区,分别表示该变量所保存的位置变量与机器人的当前位置,可以通过点击"修改",手动写入各轴位置变量或者移动机器人到所要到达的地方,点击"写入当前位置",则完成各轴的位置变量的写入。(图2-3-60)

图2-3-60 全局位置变量

通过使用"运动至此"按钮来使机器人移动到该位置变量。

"全局位置变量"主界面包含3种变量类型:"整数型""实数型""布尔型"。

(图 2-3-61)

变量/全局数值变量		
整数型 实数型 布尔型		
变量名	数值	注释
GI001	0	0
GI002	2	0
GI003	3	0
GI004	3	
GI005	4	
GI006	0	0
GI007	0	0
GI008	0	0
GI009	0	0
GI010	0	0
返回 修改 清除 1 / 99 上一页 下一页		

图 2-3-61 全局数据变量设置界面

点击"返回"按钮可以返回到变量界面。

点击"修改"按钮可以修改选中的变量行。

点击"清除"按钮可以将选中的变量行清零。

点击"上一页"按钮可以翻到上一页。

点击"下一页"按钮可以翻到下一页。

5. 状态界面

状态界面内包含了"输入输出""电批状态""焊接状态""伺服状态""I/O功能状态""码垛状态""系统状态""激光状态"八个变量界面。某些系统还有"当前位置""电机转矩"等选项。若要进入相应界面,请在变量界面的主内容区中选中相应的图标,如图2-3-62所示。

图 2-3-62 状态界面

（1）输入输出。

"输入输出"状态界面的主界面为"数字输入""数字输出""模拟输入""模拟输出"四个界面，点击相应的标签即可进入相应的界面。每个界面中皆有每个端口对应的类型以及该类型的当前值，如图2-3-63所示。

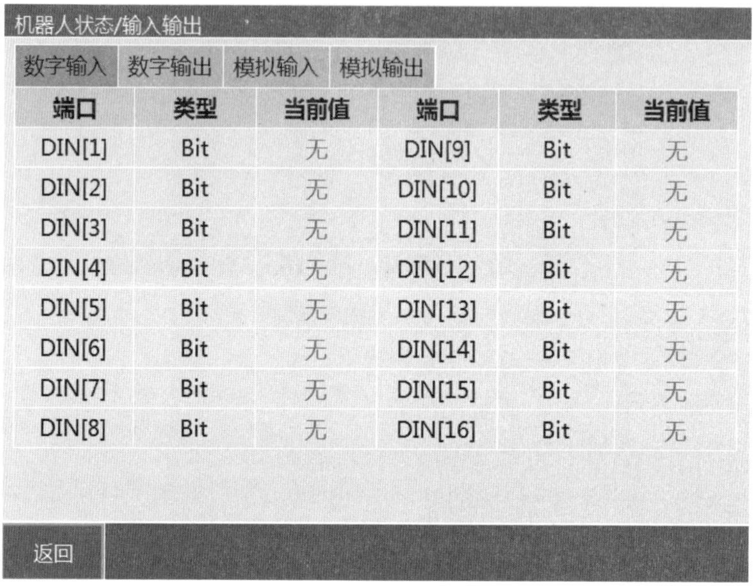

机器人状态/输入输出					
数字输入	数字输出	模拟输入	模拟输出		
端口	**类型**	**当前值**	**端口**	**类型**	**当前值**
DIN[1]	Bit	无	DIN[9]	Bit	无
DIN[2]	Bit	无	DIN[10]	Bit	无
DIN[3]	Bit	无	DIN[11]	Bit	无
DIN[4]	Bit	无	DIN[12]	Bit	无
DIN[5]	Bit	无	DIN[13]	Bit	无
DIN[6]	Bit	无	DIN[14]	Bit	无
DIN[7]	Bit	无	DIN[15]	Bit	无
DIN[8]	Bit	无	DIN[16]	Bit	无
返回					

图2-3-63　输入输出信号界面

数字信号是指用一组特殊的状态来描述信号，典型的就是当前用最为常见的二进制数字来表示的信号。之所以采用二进制数字表示信号，其根本原因是电路只能表示两种状态，即电路的通与断。在实际的数字信号传输中，通常是将一定范围的信息变化归类为状态0或状态1，这种状态的设置大大提高了数字信号的抗噪声能力。不仅如此，在保密性、抗干扰、传输质量等方面，数字信号都比模拟信号要好，且更加节约信号传输通道资源。

在数字电路中，数字信号只有0、1两个状态，它的值是通过中央值来判断的，在中央值以下规定为0，以上规定为1，所以即使混入了其他干扰信号，只要干扰信号的值不超过阈值范围，就可以再现出原来的信号。即使因干扰信号的值超过阈值范围而出现了误码，只要采用一定的编码技术，也很容易将出错的信号检测出来并加以纠正。因此，与模拟信号相比，数字信号在传输过程中具有更高的抗干扰能力、更远的传输距离，且失真幅度小。

模拟信号波形随着信息的变化而变化,模拟信号的特点是幅度连续(连续的含义是在某一取值范围内可以取无限多个数值)。模拟信号波形在时间上也是连续的,因此它又是连续信号。模拟信号按一定的时间间隔t抽样后的抽样信号,由于其波形在时间上是离散的,但此信号的幅度仍然是连续的,所以仍然是模拟信号。电话、传真、电视信号都是模拟信号。(图2-3-64)

图2-3-64　模拟信号曲线

(2)当前位置。

"当前位置"的主界面分为"关节空间""直角空间""工具空间""用户空间"四种坐标系的坐标位置,显示当前位置坐标的4种坐标形式。(图2-3-65)

机器人状态/当前位置					
位置参数	关节空间	直角空间	工具空间	用户空间	关节 ▼ 量距
轴1	2.483	843.588	843.588	843.588	
轴2	1.627	29.745	29.745	29.745	
轴3	-0.045	1144.210	1144.210	1144.210	
轴4	-3.402	3.083	3.083	3.083	
轴5	1.119	0.011	0.011	0.011	
轴6	0.998	-0.024	-0.024	-0.024	
外部轴1	8.137				
外部轴2	86.661				
返回					检测量距

图2-3-65　当前位置

点击底部的"返回"按钮,可以返回到"状态"界面。

(3)伺服状态。

"伺服状态"界面的主界面中显示每一个伺服关节对应的伺服状态、状态代码。当伺服正常运行时,每一个伺服关节的伺服状态为绿色,状态代码为N100,如图2-3-66所示,具体的伺服错误代码所对应的错误状况请参照相关手册文档。

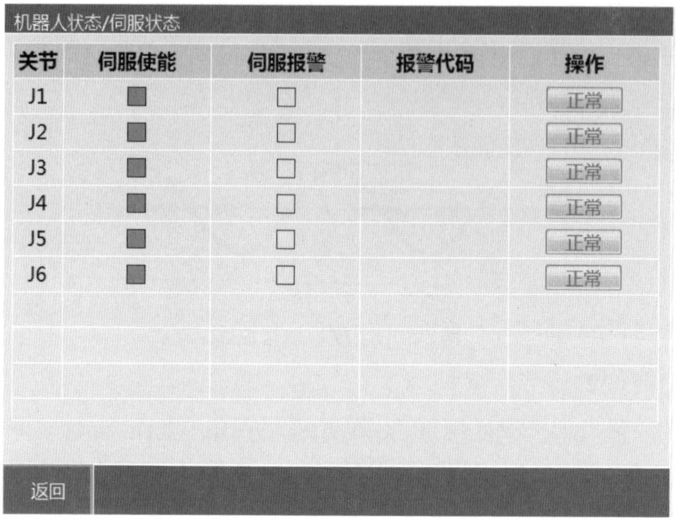

图2-3-66 伺服状态界面

"I/O功能状态"的主界面中显示"数字输入""数字输出""模拟输入""模拟输出"四种状态的参数,如图2-3-67所示。

图2-3-67 I/O功能状态界面

点击底部的"返回"按钮,可以返回到"状态"界面。

（4）系统状态。

"系统状态"显示了示教盒的内存和盘符占用情况（类似于 Windows 系统），如图 2-3-68 所示。

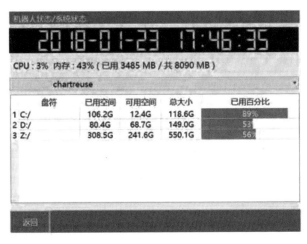

图 2-3-68 系统状态界面

点击底部的"返回"按钮，可以返回到"状态"界面。

（5）电机扭矩。

"电机扭矩"项目可以查看各轴电机的实际扭矩、实际最大扭矩、理论扭矩、理论最大扭矩，如图 2-3-69 所示。

轴	实际扭矩	实际最大...	理论扭矩	理论最大...
J1	0 ‰	0 ‰	0 ‰	0 ‰
J2	0 ‰	0 ‰	0 ‰	0 ‰
J3	0 ‰	0 ‰	0 ‰	0 ‰
J4	0 ‰	0 ‰	0 ‰	0 ‰
J5	0 ‰	0 ‰	0 ‰	0 ‰
J6	0 ‰	0 ‰	0 ‰	0 ‰

图 2-3-69 电机扭矩

点击底部的"返回"按钮，可以返回到"状态"界面。

（6）位置超差。

"位置超差"可以查看机器人是否出现运动误差情况，如图2-3-70所示。

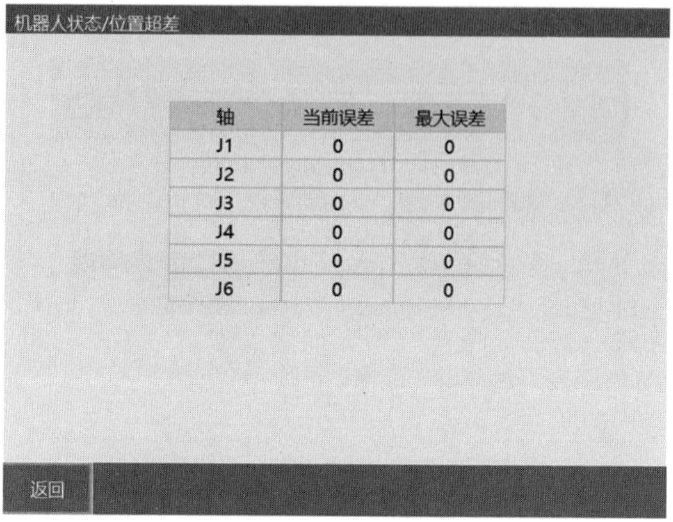

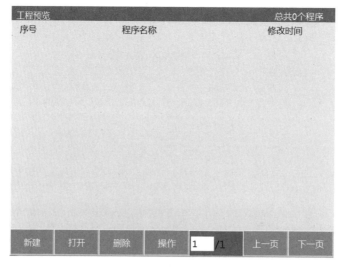

图2-3-70　位置超差界面

点击底部的"返回"按钮，可以返回到"状态"界面。

6. 工程预览界面

工程预览界面如图2-3-71所示。

图2-3-71　工程预览界面

"新建"：新建程序。

"打开"：打开程序。

"删除"：删除程序。

"操作"：包含"复制"和"重命名"。

"复制"：复制程序。

"重命名"：重命名程序。

"上一页"：当程序个数超过一页时，按下后返回上一页。

"下一页"：当程序个数超过一页时，按下后进入下一页。

7. 程序指令界面

程序指令界面如图2-3-72所示。

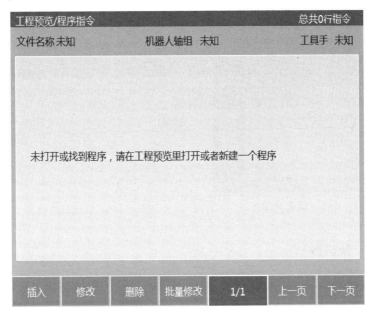

图2-3-72　程序指令界面

"插入"：插入新建作业指令。

"修改"：修改作业指令程序。

"删除"：删除作业指令。

"上一页"：当程序个数超过一页时，按下后返回上一页。

"下一页"：当程序个数超过一页时，按下后进入下一页。

"变量":可以查看修改局部位置变量与局部数值变量。

"批量复制":批量复制指令。

"批量修改":批量修改运动指令的速度、平滑度(PL)、加速度、减速度。

"批量删除":批量删除指令。

"移动指令":在该界面上下移动单条指令。

"剪切指令":剪切多个指令。

"注销指令":注销多条指令。

8. 日志界面

日志界面内包含了系统的操作和报错日志。日志文件为发生错误后自动生成。(图2-3-73)

日志的类型分为"操作""警告""错误""调试"四个界面,如图2-3-74所示。

图2-3-73　日志界面　　　　　图2-3-74　显示日志类型

四、开机操作

1. 通电检查

(1)检查伺服、控制器、示教器各部件连接线是否已连接完好。

(2)把机柜面板上的主电源开关旋转到接通(ON)的位置,主电源接通。

(3)按下机柜面板上的绿色伺服启动按钮。

2. 急停按钮的安全确认

出于安全方面的考虑,在使用机器人前,请分别对控制柜、示教器上的急停按钮进行确认,按下时,伺服电源是否断开。(图2-4-1)

图2-4-1　Motion灯亮

（1）按控制柜及示教盒上的急停按钮。

（2）确认伺服电源关闭,示教器显示伺服报错,控制柜伺服报错灯亮。

（3）清除伺服错误,控制柜伺服报错灯灭,示教器上显示"伺服停止"。

（4）确认正常后,按示教盒上的"MOT"键,使伺服处于伺服准备状态。

3.示教器准备

待示教器开机且确认伺服无报错后,确认示教器在示教模式下,如没有则旋转模式选择钥匙,将示教器切换到示教模式下。按下示教器上的"MOT"(伺服准备)按键,此时程序界面上方的"伺服状态"一栏显示为"伺服就绪"且闪烁。只有在"伺服就绪"状态下,机器人才可以动作。(图2-4-2)

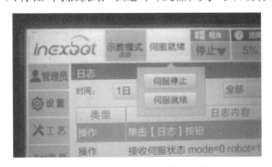

图2-4-2　伺服就绪黄色状态

轻按示教器背后的"DEADMAN"按键,此时听到机器人通电的声音,且"伺

服状态"一栏显示为绿色的"伺服运行",表示伺服电源成功接通。(图2-4-3)

图2-4-3　伺服运行绿色状态

4.速度调节

在示教模式下,修改手动操作机器人运动速度,按手持操作示教器上"V+"(速度增加)键或"V－"(速度减小)键,通过状态区的速度显示来确认。(图2-4-4)

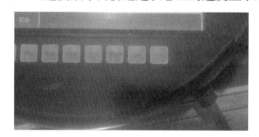

图2-4-4　示教器左下角的速度"V－"和"V＋"物理按键

点击状态栏中的"速度"一项,会弹出下拉菜单,如图2-4-5所示,点击"＋"和"－"同样能够加减速度。点击中间的数字会弹出速度选项,可以快速选择预设的常用速度。(图2-4-6)

图2-4-5　速度选择菜单

图2-4-6　速度选择菜单

速度增加:按动示教器底部的"V＋"(速度增加)按钮,每按一次,手动操作速度按以下顺序变化:寸动0.01°→寸动0.1°→1%→5%→10%→速度增加5%,直到100%。

速度减小:按动示教盒底部的"V－"(速度减小)按钮,每按一次,手动操作速度按以下顺序变化:高100%→每次减5%→低5%→微动1%→寸动0.1°→寸动0.01°→寸动0.001°

寸动:寸动速度在关节坐标系下有0.01°和0.1°两档,在直角、工具、用户坐标系下有0.1mm和1mm两档。

示教速度是按百分比来设置的,其实际速度为点动最大速度乘以状态栏中数据的百分比。点动最大速度在"设置－机器人参数－点动速度"界面中设置,如图2-4-7所示。

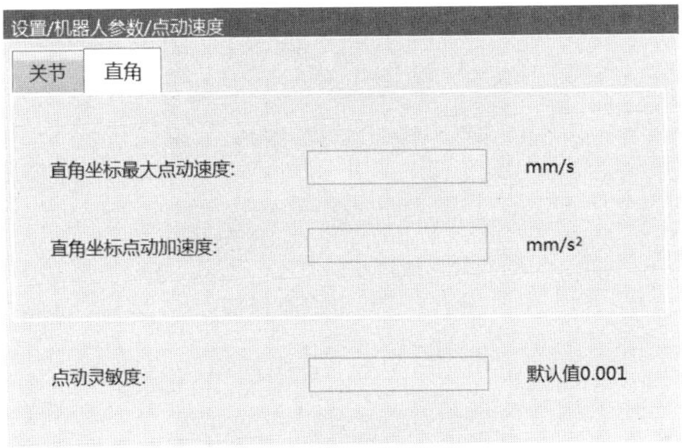

图2-4-7　点动速度设置

5. 坐标系切换

在本产品中含有4种坐标系,分别为关节坐标系、直角坐标系、工具坐标系和用户坐标系。

(1)关节坐标系所有点位均为机器人关节轴相对于轴机械零点的角度值。

(2)直角坐标系又叫"基坐标系",其所有点位均为机器人末梢(法兰中心)相对于机器人基座中心的坐标值(单位:mm)。

(3)工具坐标系定义下的点位均为机器人所带工具末端(TCP点)相对于机器人基座中心的坐标值(单位:mm)。

(4)用户坐标系又叫"工件坐标系",其空间点位均为机器人所带工具末端(未带工具时为其法兰中心)相对用户坐标系原点的坐标值(单位mm)。其定义和使用方法请见前文。

在示教模式下,按动示教器下方物理按键区的"坐标系切换"按键,通过顶部状态栏的显示来确认。也可以点击状态栏的坐标系一栏,即可弹出坐标系选择菜单,点击对应坐标系即可切换。切换顺序是关节→直角→工具→用户。(图2-4-8)

图2-4-8　坐标系切换

示教器左边倒数第二个按键是坐标系切换按键。(图2-4-9)

图2-4-9　坐标系切换物理按键

6. 点动操作

(1) 开机。

(2) 检查急停按钮是否完好,是否按下。

(3) 按动示教盒的"MOT"按键,确定伺服状态为"伺服准备"。

(4) 选择需要使用的坐标系。

(5) 调整到合适的速度。

(6) 按动示教器的"DEADMAN"按键(示教器背后的按钮),不松手。

(7) 使用示教器右侧物理按键区的按键操作机器人运动。

(8) 松开"DEADMAN"按键。

用户若要进行程序的插入、修改、删除、复制、重命名等指令相关的操作,需要进入程序界面,通过使用底部按钮进行相关操作。

五、程序指令编写

1. 新建程序

新建程序需通过点击工程界面底部的"新建"按钮。(图2-5-1)

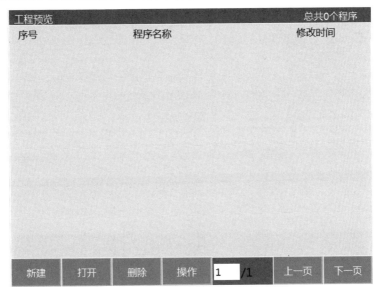

图2-5-1　工程预览界面

点击底部页面和"确定"按键,才能激活底部"新建"等按键。(图2-5-2)

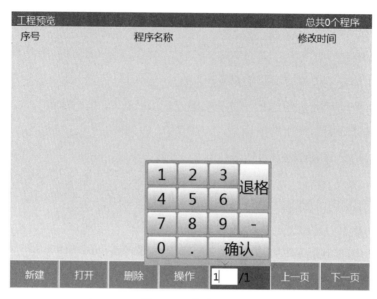

图2-5-2　新建程序

新建的程序在选中的程序下面。

在弹出的"新建程序"窗口中输入相应的程序名称等参数。(图2-5-3)

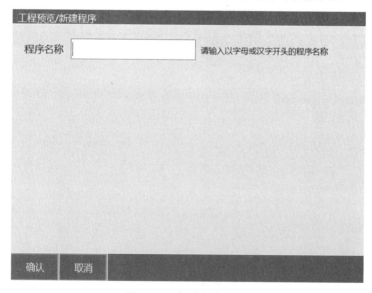

图2-5-3　新建程序界面

系统规定程序命名是以字母或汉字开头的程序名称,且字符不能少于两个。(图2-5-4、图2-5-5)

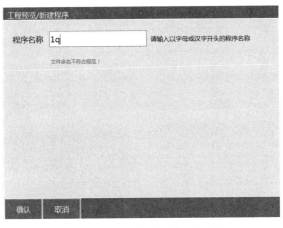

图2-5-4　文件命名不符合提示

图2-5-5　程序名称支持中文字符

点击底部的"确定"按钮,程序创建成功,并跳转到新建的程序界面。若想要取消新建程序,则点击"取消"按钮。(图2-5-6)

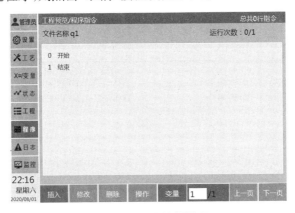

图2-5-6　程序编辑界面

2. 打开程序

用户若要打开已有的作业文件,则需要进行以下步骤:

(1)打开"工程"界面。

(2)选中想要打开的程序。

（3）点击底部的"打开"按钮。程序打开成功。

3. 复制程序

用户若要复制已有的作业文件（只能整体复制），则需要进行以下步骤（图2-5-7、图2-5-8）：

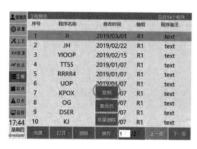

图2-5-7　工程界面程序列表

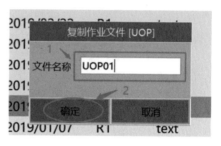

图2-5-8　程序复制操作

（1）选中要复制的程序。

（2）点击底部的"操作"按钮，再点击"复制"。

（3）点击"确定"，否则"取消"。

4. 程序重命名

重命名操作可以修改选中程序的名称。（图2-5-9）

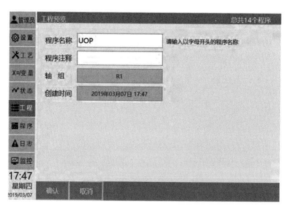

图2-5-9　程序重命名操作

（1）选中想要重命名的程序。

（2）点击"操作"，再点击"重命名"。

（3）在弹出的窗口中输入想要修改的名称。

(4)点击"确定"按钮。若想要取消重命名操作,则点击"取消"按钮。

5. 删除程序

删除操作可以删除选中的程序。(图2-5-10)

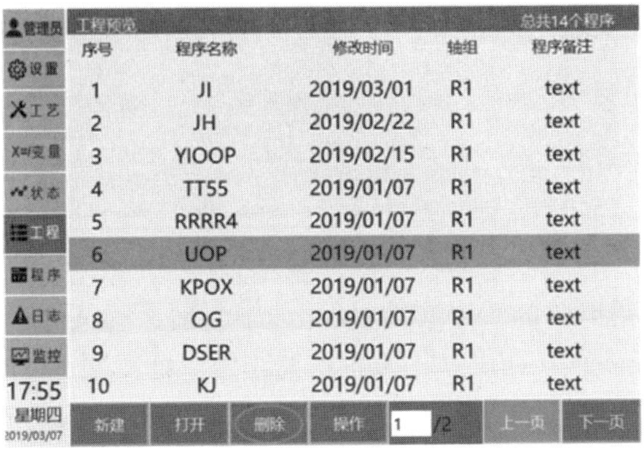

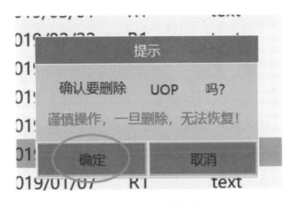

图2-5-10　程序删除操作

(1)选中想要删除的程序。

(2)点击"删除"按钮。

(3)在弹出的窗口中点击"确定"按钮。若想要取消删除操作,则点击"取消"按钮。(图2-5-11)

图2-5-11　确认删除程序

6. 批量删除程序

(1)进入工程界面。

(2)点击底部菜单栏的"操作—批量删除"按钮。(图2-5-12)

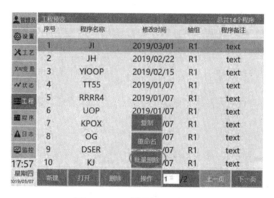

图2-5-12　批量删除操作

(3)选中需要删除的程序文件(仅能选中当前页的文件,不能进入上一页或下一页),点击全选按钮则选中本页全部程序文件。(图2-5-13)

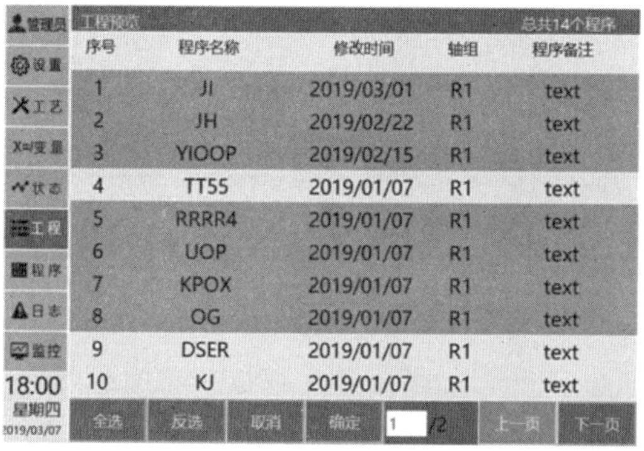

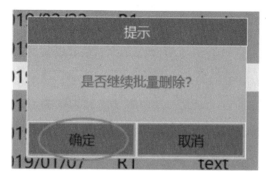

图2-5-13　批量选择程序

(4)点击"确定按钮"按钮后,在弹出的确认框中点击"确定"按钮,则批量删除成功。(图2-5-14)

图2-5-14　"是否继续批量删除"提示

用户若要进行指令的插入、修改、删除等指令相关的操作,需要进入程序预览界面,通过使用底部按钮进行相关操作。

7. 插入指令

指令的插入需通过使用程序预览界面底部的"指令菜单"来进行相关操作。插入的指令在选中指令行的下面。

(1)进入程序预览界面。(图2-5-15)设置程序指令。(图2-5-16)

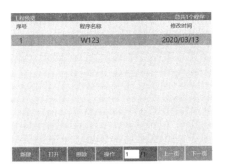

图2-5-15 程序列表界面

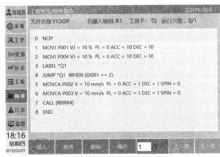

图2-5-16 程序插入编辑

(2)点击"插入"按钮,弹出指令类型菜单。(图2-5-17)

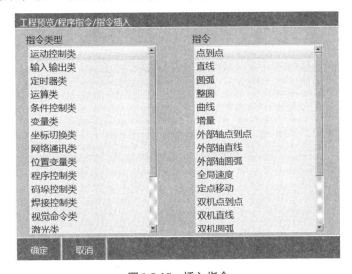

图2-5-17 插入指令

(3)点击所需插入指令的指令类型,如运动控制类。

（4）点击所需插入的指令，如MOVL，点击确定。（图2-5-18）

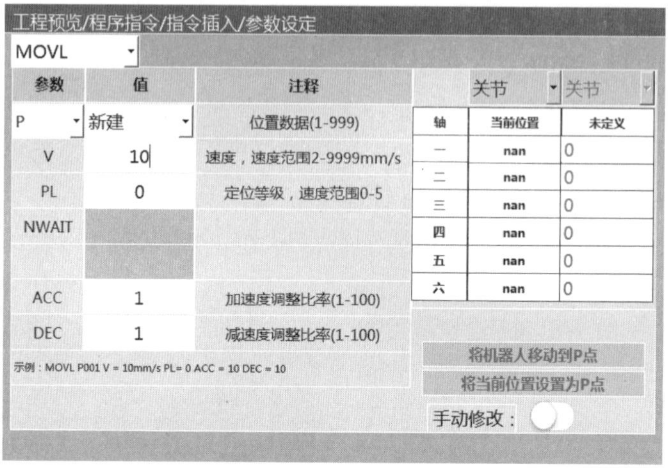

图2-5-18　MOVL指令参数设置

（5）设置所插入指令的相关参数。

（6）点击程序底部"确认"按钮。

8.修改指令

用户可以通过使用"修改"命令方便地修改已插入指令的相关参数。

（1）选中已插入行（NOP行和END除外）。

（2）点击程序底部的"修改"按钮（图2-5-19），修改相关参数（图2-5-20）。

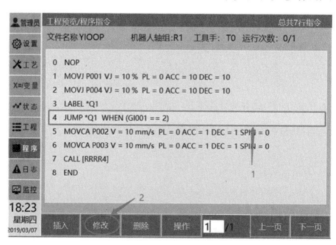

图2-5-19　修改指令操作

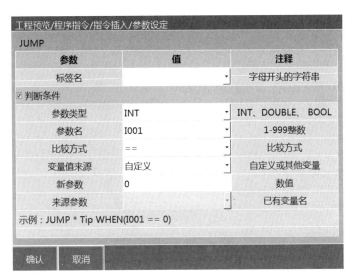

图2-5-20 指令参数修改界面

（3）修改完成后点击底部的"确定"按钮，指令修改成功。

9. 批量复制指令

用户可以通过"批量复制"操作复制需要的指令到指定的地方。

（1）首先点击底部"操作"按钮中的"批量复制"按键。（图2-5-21）

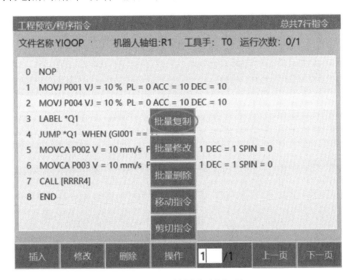

图2-5-21 批量复制选项

（2）选择需要的指令。（图2-5-22）

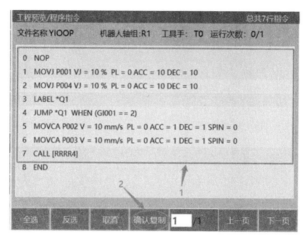

图2-5-22　确认复印操作

(3)点击"确认复制"按钮,弹出如图2-5-23所示界面,填写粘贴的位置即可。

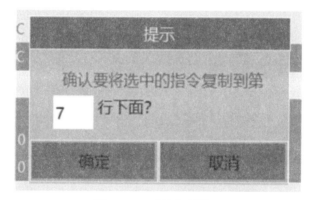

图2-5-23　确认复制提示

练习题

1.请独立进行慧诚机器人系统设置页面参数设置任务。

2.请独立进行慧诚机器人程序新建及编辑等操作练习任务。

3.请独立进行慧诚机器人指令输入练习任务,总结相应指令含义及其用法。

4.请独立进行慧诚机器人运动程序编写任务。

培训任务三　慧诚机器人装配任务

一、准备工具

首先准备好工具:全套内六角钥匙,美工刀、螺丝批、橡胶锤、抹布等。(图3-1-1)

图3-1-1　拆装工具

二、第一轴本体安装

首先把底座和第一轴本体组装压紧。(图3-2-1)

图3-2-1　基座组装

压实第一轴本体周边部位。(图3-2-2)

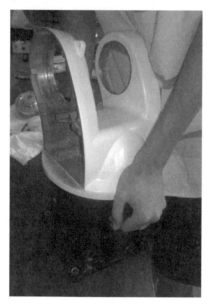

图3-2-2　基座组装

把第一轴电机放进底座,从底部往上看,如图3-2-3所示。

图3-2-3　第一轴电机组装

使用内六角螺丝批上紧螺丝,如图3-2-4所示。

图3-2-4　电机组装

螺丝装配注意不要遗漏安装,以防电机松脱振动造成故障。由于安装位置视野不佳,建议使用手电筒照射查看,防止遗漏,如图3-2-5所示。

图3-2-5　电机组装

初步组装第一轴本体的支撑法兰。(图3-2-6)

图3-2-6　第一轴本体的支撑法兰

三、第二轴本体安装

装配第二轴本体,使用木棒重新安装第一轴本体的支撑法兰。(图3-3-1)

图3-3-1　紧固本体右侧的支撑法兰

转动第二轴本体,查看是否存在转动不畅的情况。(图3-3-2)

图3-3-2　组装第二轴本体

采用胶锤进行安装作业。找到第二轴轴承凸起的平面,进行适度敲打,使轴承压紧在本体位置,如图3-3-3所示。

图3-3-3　安装第二轴轴承

安装人员可以把第二轴本体调整为后仰姿势进行安装,在本体外壳接触面之间垫上缓冲泡沫,避免磨损掉漆。后仰姿势便于安装操作,如图3-3-4所示。

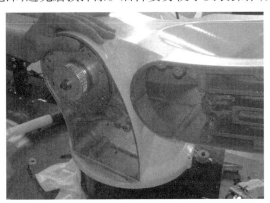

图3-3-4　第二轴后仰姿势

由于轴承的螺丝孔需要与本体孔口对正,所以使用小型螺丝批和锤子对螺丝孔进行敲击对准,务必使轴承端面螺丝孔与本体孔口对正,否则轴承无法固定。(图3-3-5)

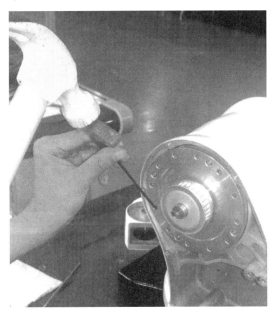

图3-3-5　调整轴承位置

安装规程要求轴承平面与机器人本体平面水平,没有凸起倾斜情况,如图3-3-6所示。

图3-3-6　轴承安装效果

　　在拆装设备的时候,会经常遇到螺丝孔无法伸入螺丝的情况。造成这种情况的原因是在安装过程中使用了过多的螺纹紧固剂。解决方法是使用尖锐铁丝等进行孔径清理。螺纹紧固剂,如图3-3-7所示。

图3-3-7　螺纹锁固剂

　　分量合适的螺纹紧固剂剂量应该是只覆盖螺丝截面,在螺丝丝杆是没有螺纹紧固剂的,如图3-3-8所示。

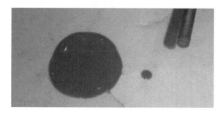

图3-3-8　正常分量的螺纹锁固剂

　　分量过多的螺纹紧固剂附着在螺丝丝杆周围,会对后期拆卸等任务造成困难。(图3-3-9)

图3-3-9　过多分量的螺纹锁固剂

四、第三轴本体安装

　　使用锤子等工具安装第三轴的支撑法兰,如图3-4-1所示。

图3-4-1　安装第三轴的支撑法兰

安装支撑法兰的紧固螺丝,如图3-4-2所示。

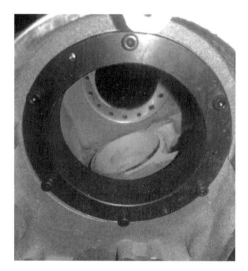

图3-4-2　支撑法兰安装完毕

螺丝安装顺序请参考图3-4-3所示,安装第一根螺丝后应该穿过圆心,在另一边安装螺丝。这样有利于设备的微调定位。

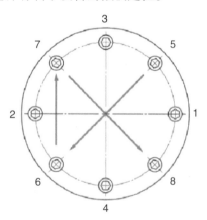

图3-4-3　螺丝安装顺序示意图

对于拆卸紧固多次后已无弹性变形力的垫圈(塔黄垫圈及蝶形弹簧垫圈),应将其废弃,固定减速机相关垫圈应在拆卸2次后废弃更新。

如果出现螺丝被螺孔卡进,无法继续拧紧的情况,为了防止螺丝打滑或拧断螺丝,必须将螺丝退出,换用另外一颗螺丝。

在使用螺丝垫圈的时候,如果垫圈较大或者螺孔太大会导致平垫受压变形,影响紧固效果,请更换垫圈。(图3-4-4)

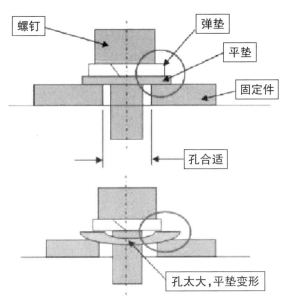

图 3-4-4　平垫装配情况分析

力矩扳手的使用注意事项：

　　使用前进行校正，查看是否可以任意进行所需力矩的调整。力矩扳手的使用不当容易造成拧紧力矩的误差。扳手臂要水平，力矩头要垂直于螺栓。（图 3-4-5）

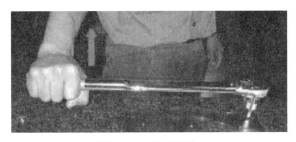

图 3-4-5　姿势示范

装配人员的手要握在有刻印部位的正中间。（图 3-4-6）

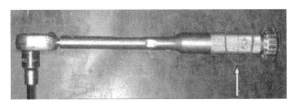

图 3-4-6　手握部位示意

装配人员左手轻压扶着受力位置。(图3-4-7)

图3-4-7　姿势示范

在使用加长力矩头的时候,要防止力矩扳手倾斜。(图3-4-8)

图3-4-8　姿势示范

开始安装轴承前需要进行设备清洁工作,如图3-4-9所示,避免不良装配和传动振动等问题。

图3-4-9　擦拭干净

把第三轴轴承擦拭干净,如图3-4-10所示。

图3-4-10　第三轴轴承

把轴承装配在本体相应位置,人工压实第三轴轴承,如图3-4-11所示。

图3-4-11　安装第三轴轴承

轴承安装需要使螺丝孔与本体的孔口对准,所以需要使用坚硬工具与锤子进行微调,如图3-4-12所示。

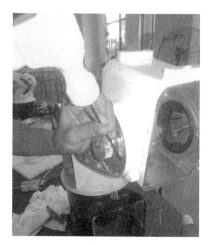

图 3-4-12　调整到位

拆装人员也可以使用两根内六角匙,手动扳动轴承进行对位,如图 3-4-13 所示。

图 3-4-13　调整轴承

螺丝上紧需要按照一定的顺序,安装第一颗螺丝后应该在轴承圆心的另一边安装螺丝,依此类推直至完成所有螺丝安装工作,如图 3-4-14 所示。

图 3-4-14　螺丝紧固

轴承安装完毕后,技术人员应该手动扳动机器人,查看转动过程有无异响和运转不畅的情况,如图3-4-15所示。

图3-4-15 扳动本体

五、第四轴本体安装

擦拭整理第四轴轴承,准备进行安装工作,如图3-5-1所示。

图3-5-1 第四轴轴承

装配人员需要观察轴承内部卡位情况,轴承内圈需要卡在本体孔口位置,这样外部螺丝紧固的时候,就可以顺利压实轴承,如图3-5-2所示。

图3-5-2　第四轴轴承内部卡位情况

扳动第四轴本体,使定位螺丝能连接本体孔口,初步定住第四轴本体。然后轻微扳动第四轴本体,安装第二颗定位螺丝。两根定位螺丝将确保其他螺丝可以正确定位,如图3-5-3所示。

图3-5-3　安装定位螺丝

装配人员安装顺序安装好螺丝,然后手动扳动本体,查看轴承转动情况。如果有异响或是转动不畅,需要及时查明原因并进行调整,如图3-5-4所示。

图3-5-4　第四轴本体安装

六、第五轴本体安装

第五轴的安装过程与第四轴类似。

七、第六轴本体安装

第六轴腔体的安装,如图3-7-1所示。

图3-7-1　安装第六轴腔体

使用锤子敲击第六轴支撑法兰,使其就位,如图3-7-2所示。

图3-7-2　安装第六轴支撑法兰

卡簧,也叫挡圈或扣环,属于紧固件的一种,安装在轴承的轴槽或孔槽中,起着阻止轴承滑动的作用,如图3-7-3所示。

图3-7-3　卡簧

使用尖嘴钳夹住内卡簧的端口进行组装,如图3-7-4所示。

图3-7-4　内卡簧

把内卡簧安装在轴承的凹槽处,如图3-7-5所示。

图3-7-5　安装内卡簧

　　波发生器,作用是使柔轮按一定变形规律产生周期性弹性变形波的构件。本机型在第一轴和第六轴的轴承安装波发生器。其他机型只安装在第六轴轴承上,如图3-7-6所示。

图3-7-6　波发生器

安装时候请注意对准凹槽位置,如图3-7-7所示。

图3-7-7　安装完毕图示

　　查看第六轴腔体内部电机安装凹槽位置,为装配工作做好准备,如图3-7-8所示。

图3-7-8　第六轴电机安装凹槽

安装挡圈,如图3-7-9所示。

图3-7-9　安装挡圈

　　机米螺丝也称紧定螺丝,止付螺丝或顶丝,如图3-7-10所示。

图 3-7-10　机米螺丝

安装机米螺丝,如图 3-7-11 所示。

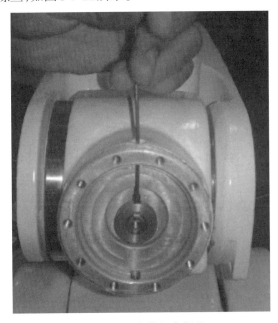

图 3-7-11　安装机米螺丝

安装螺丝和垫片,作用是将波发生器卡在电机轴上,如图 3-7-12。

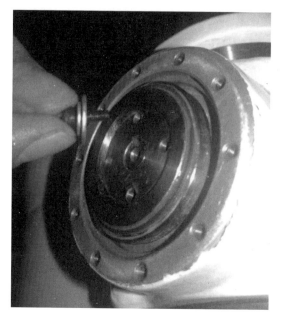

图3-7-12　安装螺丝和垫片

在内圈手动安装一颗螺丝,作为受力点在螺丝的上紧过程中固定内圈位置之用,如图3-7-13所示。

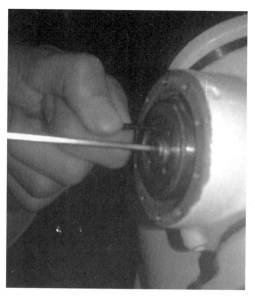

图3-7-13　安装过程

安装第五轴同步轮的支架,如图3-7-14所示。

图3-7-14　安装同步轮支架

安装第四轴电机,如图3-7-15。

图3-7-15　安装第四轴电机

安装同步轮与传送皮带,如图3-7-16所示。

图3-7-16　安装同步轮

　　皮带同步轮和从动轮必须位于同一水平面上。可以通过同步轮的机米螺丝调整位置,机米螺丝位置,如图3-7-17所示。

图3-7-17　机米螺丝

准备安装线缆,如图3-7-18所示。

图3-7-18　线缆连接

　　线缆安装顺序为底部一直往上引线,注意第一轴腔体需要转动到与底座的初始位置才有合适缺口继续引线工作。图3-7-19中箭头为参考引线位置。

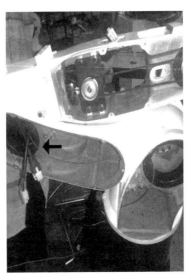

图3-7-19　引线参考

练习题

1.请独立准备慧诚工业机器人装配工具,并能说明每样工具的用途及其使用注意事项。

2.请独立完成慧诚机器人第一至三轴组装工作,并总结组装过程的注意事项。

3.请独立完成慧诚机器人第四至六轴组装工作,并总结组装过程的注意事项。

培训任务四　慧诚机器人拆卸任务

一、准备工具

首先准备好工具:全套内六角钥匙、美工刀、螺丝批、橡胶锤、抹布等。(图4-1-1)

图4-1-1　拆装工具

用螺丝刀旋松螺丝,一定要用符合螺钉规格的螺丝刀,否则往往容易导致螺钉口滑牙损坏。切勿将螺丝刀用作他途,以免损坏螺丝刀柄或刀刃。

螺丝刀的使用方法:

大螺丝刀的使用方法:大螺丝刀一般用来紧固或旋松大的螺钉。使用时,用大拇指、食指和中指夹住握柄,手掌顶住握柄的末端,以适当力度旋紧或旋松螺钉,刀口要放入螺钉的头槽内,不能打滑。

小螺丝刀的使用方法:小螺丝刀一般用紧固或拆卸电气装置接线桩上的小螺钉,使用时可用大拇指和中指夹住握柄,用食指顶住柄的末端捻旋,不能打滑,以免损伤螺钉头槽。

长螺丝刀的使用方法:用右手压紧并转动手柄,左手握住螺丝刀的中间,不得放在螺丝刀的周围,以防刀头滑脱将手划伤。

拆装过程中要按照正规流程进行零件的归类放置。螺丝配件很容易出现混淆和丢失,需要采用收纳盒进行放置,如图4-1-2所示。

图4-1-2 装拆落螺丝配件的盒子

清理挪走与机器人拆装无关的物品,保持拆装现场整洁,如图4-1-3和图4-1-4所示。

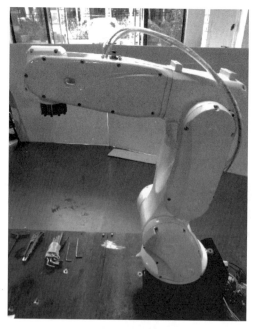

图4-1-3 机器人拆装平台(1)

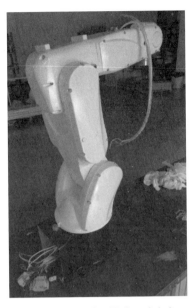

图4-1-4 拆装机器人平台(2)

二、第六轴本体拆卸

首先准备好工具:全套内六角钥匙、美工刀、螺丝批、橡胶锤、抹布等。(图4-2-1)

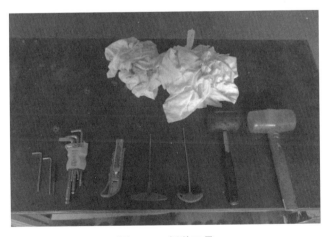

图4-2-1 拆装工具

首先是第六轴电机的拆卸。使用内六角螺丝批岔开第六轴电机端盖,如图4-2-2所示。

图4-2-2 拆开第六轴电机端盖

整理好拆下的4枚螺丝,拿起端盖妥善放置,避免跌落损坏。(图4-2-3)

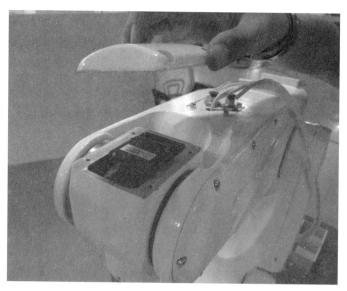

图4-2-3 第六轴电机端盖

从上往下查看第六轴电机的固定螺丝位置(图4-2-4中箭头所指位置)。

图4-2-4 电机固定螺丝位置

拆卸电机固定螺丝后请妥善放置,避免丢失。拆卸现场,如图4-2-5和图4-2-6所示。

图4-2-5 拆卸电机固定螺丝

图4-2-6 电机固定螺丝

扳动第六轴腔体,如图4-2-7所示。

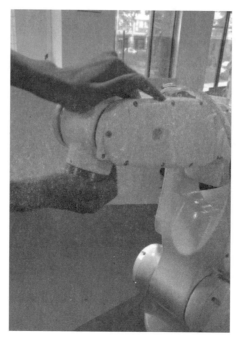

图4-2-7　扳动第六轴

　　把第六轴扳动到朝向天花板方向,如图4-2-8所示,便于技术人员拆卸轴承螺丝。

图4-2-8　机器人第六轴姿态

技术人员使用内六角螺丝刀拆卸螺丝,如图4-2-9和图4-2-10所示。

图4-2-9　拆卸螺丝(1)

图4-2-10　拆卸螺丝(2)

放置好拆卸下来的螺丝,如图4-2-11所示。

图4-2-11　拆卸后的螺丝

拆卸螺丝后的轴承,如图4-2-12所示。

图4-2-12 拆卸螺丝后的轴承

为了便于下一步拆卸,技术人员需要把两根合适的螺丝安放到机器人的内圈螺丝孔位置(两孔为圆心对称位置,有利于受力平衡),使得螺丝穿过内圈,在内圈底部突出顶起整个内圈,如图4-2-13所示。

图4-2-13 螺丝安装位置示意

　　由于内圈已经稍微离开基座,此时使用两根金属棒夹紧螺丝端口,往外
提起整个内圈,如图4-2-14所示。

图4-2-14　使用金属棒夹紧螺丝

　　整个轴承内圈被金属棒架起,轴承拆卸完成,如图4-2-15所示。拆卸过程
中注意受力平衡,防止轴承拆除后拆装人员失去平衡导致滑倒等意外。

图4-2-15　轴承拆卸完毕

妥善保管拆下的轴承,如图4-2-16所示。

图4-2-16 妥善放置轴承

技术人员在法兰底层的螺丝孔继续安装一根螺丝作为受力点,如图4-2-17所示。

图4-2-17 螺丝安装位置

技术人员一只手固定法兰基座,另一只手使用内六角螺丝批拆卸法兰基座中间的卡环,如图4-2-18所示。

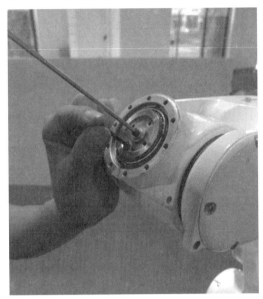

图4-2-18　拆卸中间的卡环

卡环拆卸完毕,技术人员继续安装另一根位于直径对称位置的螺丝,如图4-2-19所示。

图4-2-19　两根螺丝安装位置

拆装人员使用两根金属棒夹紧螺丝端口,往外提起整个外圈,如图4-2-20所示。

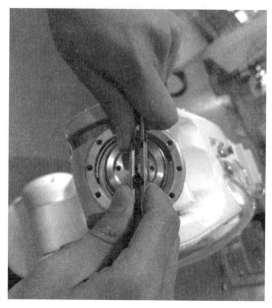

图4-2-20　拔起外圈

外圈拆卸完毕,如图4-2-21所示。可以看到外圈与基座是通过轴承进行紧固的,所以拆卸过程中注意不要大力晃动外圈,避免损坏轴承。

图4-2-21　外圈拆卸完毕

把设备擦拭干净,妥善放置,如图4-2-22所示。

图4-2-22　妥当放置

拆卸轴承紧固螺丝。使用内六角匙穿过机器人外壳的小孔,进行螺丝拆卸工作,如图4-2-23所示。

图4-2-23　拆卸轴承紧固螺丝

从拆卸口伸入内六角螺丝刀继续拆卸第一根机米螺丝，如图4-2-24所示。

图4-2-24　螺丝拆卸完毕

把轴承转动90°使第二根机米螺丝孔对准拆卸口，从拆卸口伸入内六角螺丝刀继续拆卸第二根机米螺丝，如图4-2-25所示。

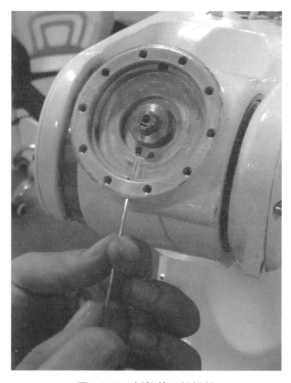

图4-2-25　拆卸第二根螺丝

拆除完毕后，妥善放置螺丝，避免丢失。

使用螺丝批拆卸挡圈,如图4-2-26所示。

图4-2-26 使用螺丝批拆除挡圈

拆卸过程中注意不要用力过猛,以免挡圈弹起伤人,如图4-2-27所示。

图4-2-27 使用螺丝批拆除挡圈

三、第五轴本体拆卸

拆卸第五轴机身外壳,如图4-3-1(1)所示。

图4-3-1 拆卸第五轴机身外壳上的螺丝(1)

拆卸第五轴机身外壳,如图4-3-2(2)所示。

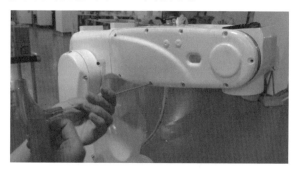

图4-3-2 拆卸第五轴机身外壳上的螺丝(2)

拆下第五轴外壳,如图4-3-3所示。

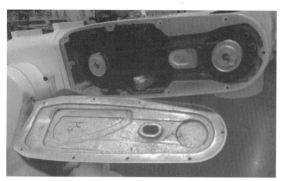

图4-3-3 拆卸第五轴机身外壳

观察第五轴内部布局,如图4-3-4所示。

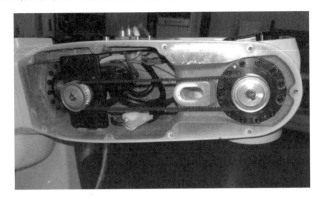

图4-3-4　第五轴同步轮支架

观察同步轮支架情况,如图4-3-5所示。

图4-3-5　第五轴机身内部结构

观察第五轴机身外壳情况,如图4-3-6所示。

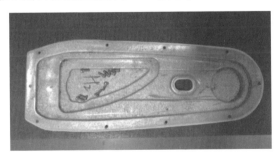

图4-3-6　第五轴机身外壳

观察机器人本体拆卸情况,如图4-3-7所示。

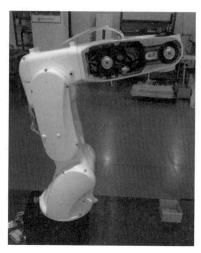

图4-3-7 拆除第五轴外壳后的机器人

拆装人员拆卸皮带同步轮支架上的螺丝,如图4-3-8所示。

图4-3-8 拆卸皮带轮支架上的螺丝

皮带同步轮支架拆卸完毕。传送皮带处于放松状态,如图4-3-9所示。

图4-3-9 小皮带轮拆卸完毕

拆卸第五轴传动皮带,如图4-3-10所示。

图4-3-10　拆卸第五轴传动皮带

拆除第五轴电机,如图4-3-11所示。

图4-3-11　拆除第五轴电机

拆除轴承螺丝,如图4-3-12所示。

图4-3-12　拆除轴承螺丝

拆卸同步轮的机米螺丝,然后拆除同步轮,如图4-3-13所示。

图4-3-13　拆卸同步轮机米螺丝

拧紧两个螺丝,顶开法兰与基座的间距,作为受力点进行拔取拆卸,如图4-3-14所示。

图4-3-14　拆卸法兰

法兰拆卸完毕,进行清洁,妥善放置,如图4-3-15所示。

图4-3-15　拆卸完毕后的法兰

使用尖嘴钳拆卸定位键,如图4-3-16所示。

图4-3-16　拆卸定位键

查看轴承情况,如图4-3-17所示。

图4-3-17　拆除定位键后的轴承

拆卸挡圈,如图4-3-18所示。如果挡圈卡紧情况比较严重,尖嘴钳无法实施拆卸,可以采用金属棒卡位敲击的方法进行拆卸,如图4-3-19所示。

图4-3-18　拆卸挡圈

图4-3-19　拆卸第五轴电机内圈

使用尖嘴钳拆卸内卡簧,如图4-3-20所示。

图4-3-20　拆卸内卡簧

轴承情况如图4-3-21所示。

图4-3-21　轴承情况

使用大力钳夹紧轴承,进行拆卸工作,如图4-3-22所示。

图4-3-22　大力钳拆卸

如果轴承卡紧程度比较高,可以使用铁棒等工具作为大力钳的拆卸受力点进行拆卸,如图4-3-23所示。

图4-3-23　使用金属棒作为支点进行拆卸

从上往下观察第六轴电机的固定螺丝位置,准备拆卸,如图4-3-24所示。

图4-3-24　观察电机紧固螺丝位置

拆卸紧固螺丝,如图4-3-25所示。

图4-3-25　拆卸螺丝

取出第六轴电机,如图4-3-26所示。

图4-3-26　取出第六轴电机

拆卸电机后的第六轴电机腔体,如图4-3-27所示。

图4-3-27　拆卸后的第六轴电机腔体

拆卸第五轴支撑法兰,如图4-3-28所示。

图4-3-28　第五轴支持轴承的拆卸

支撑轴承拆卸完毕,如图4-3-29所示。

图4-3-29　支撑轴承拆卸完毕

第六轴电机端盖螺丝的拆卸,如图4-3-30所示。拆卸完毕的基座,如图4-3-31所示。

图4-3-30　第六轴电机端盖螺丝的拆卸

图4-3-31　螺丝拆卸完毕的基座

拆装人员拧上两根螺丝,顶开谐波减速机和底座的间隙,以便于拆卸,如

图4-3-32所示。

图4-3-32　安装螺丝

谐波减速机拆卸完毕,如图4-3-33所示。擦拭设备油脂,妥善保存,如图4-3-34所示。

图4-3-33　第六轴电机谐波减速机的拆卸

图4-3-34　擦拭设备油脂

四、第四轴本体拆卸

整理第四轴机身内部线缆,卸下第四轴电机端面的螺丝,如图4-4-1所示。

图4-4-1　卸下第四轴电机端面的螺丝

手动扳动倾斜第四轴机身,如图4-4-2所示。

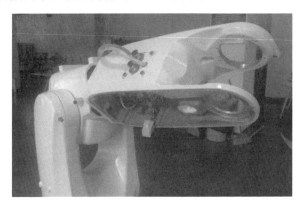

图4-4-2 倾斜第四轴机身

拆卸第四轴外壳电机端盖,如图4-4-3所示。

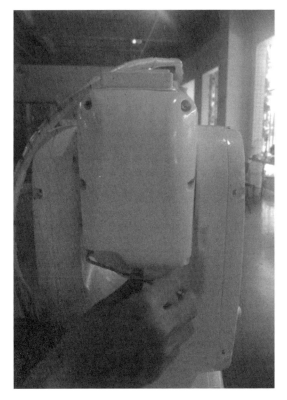

图4-4-3 拆卸第四轴电机端盖

端口拆卸完毕,如图4-4-4所示。

图4-4-4　端口拆卸完毕

观察第四轴电机腔体内部,如图4-4-5所示。

图4-4-5　第四轴电机腔体内部

整理线缆,如图4-4-6所示。

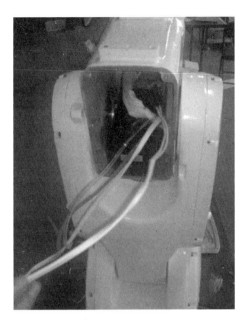

图4-4-6 整理线缆

五、第三轴本体拆卸

拆卸第三轴外壳,如图4-5-1所示。

图4-5-1 拆卸第三轴外壳

外壳拆卸完毕,如图4-5-2所示。

图4-5-2　外壳拆卸完毕

拆卸第三轴另一端的外壳,如图4-5-3所示。

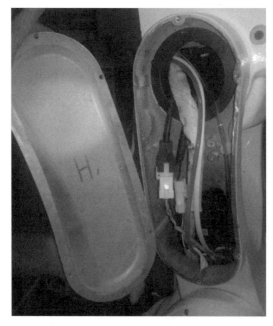

图4-5-3　拆卸第三轴另一端的外壳

拆卸第二轴本体的外壳,如图4-5-4所示。

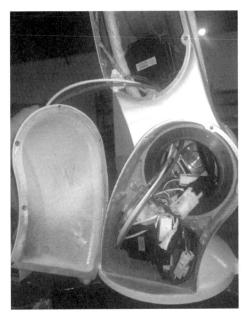

图4-5-4　拆卸第二轴外壳

拆卸第三轴腔体的线缆架,如图4-5-5所示。

图4-5-5　拆卸线缆架

拆卸线缆紧固胶带,如图4-5-6所示。

图4-5-6　拆卸线缆紧固胶带

拆卸气管接口端盖的螺丝,如图4-5-7所示。

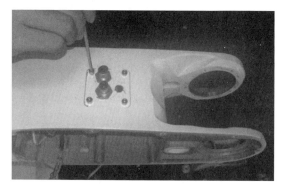

图4-5-7　拆卸气管接口端盖的螺丝

拆卸气管接口,如图4-5-8所示。

图4-5-8　拆卸气管接口

拆卸人员使用工具钳减去接线端的电线,准备退线工作,如图4-5-9所示。

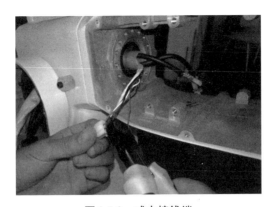

图4-5-9　减去接线端

查看机器人整体情况,确认拆卸步骤顺序是否合理,如图4-5-10所示。

图4-5-10　电机本体左视角度

退线完毕,如图4-5-11所示。

图4-5-11　退线完毕

拆除护线管,如图4-5-12所示。

图4-5-12　拆除护线管

拆除第四轴电机紧固螺丝,如图4-5-13所示。

图4-5-13　拆除第四轴电机紧固螺丝

拆除第四轴电机,如图4-5-14所示。

图4-5-14　拆除第四轴电机

查看第四轴电机腔体,确认拆卸情况,如图4-5-15所示。

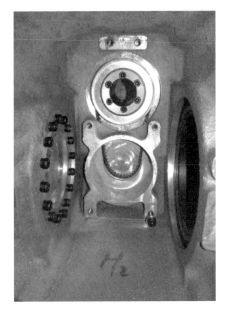

图4-5-15　第四轴电机腔体

扳动第四轴本体,使其脱离第三轴,如图4-5-16所示。

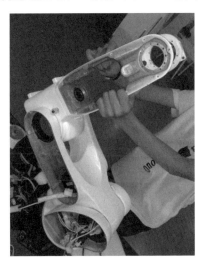

图4-5-16　扳动第四轴本体

第四轴本体脱离完毕,注意不要横向拖动,避免撞坏轴承等元件,如图4-5-17所示。

图4-5-17　第四轴脱离完毕

拆卸第四轴谐波减速机,如图4-5-18所示。

图4-5-18　拆卸第四轴谐波减速器

用木棍从腔体内部敲击谐波减速机端盖,使其脱离本体,如图4-5-19所示。拆卸完毕的情况见,如图4-5-20所示。

图4-5-19　使用木棍敲击

图4-5-20　谐波减速器拆卸完毕

手动扳动机器人,使其处于图4-5-21所示的姿态,在箭头处垫上塑料或是泡沫,防止刮伤外壳。

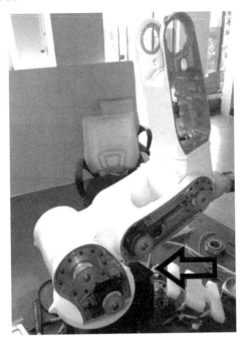

图4-5-21　垫泡沫处

垫上塑料或泡沫,防止刮伤外壳,如图4-5-22所示。

图4-5-22　垫上泡沫

拆除第三轴同步轮支架,如图4-5-23所示。

图4-5-23　拆除第三轴同步轮支架

拆卸谐波减速机端盖,如图4-5-24所示。

图4-5-24　拆卸谐波减速机端盖

拆除位于机器人左侧的轴承端面,如图4-5-25所示。

图4-5-25　拆除左侧的轴承端面

拆除位于机器人右侧的线缆,如图4-5-26所示。

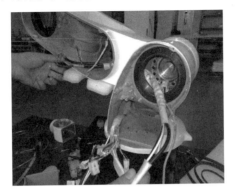

图4-5-26　拆除右侧的线缆

拆除支撑法兰螺丝,如图4-5-27所示。

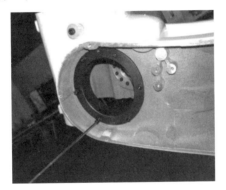

图4-5-27　拆除支撑法兰螺丝

拆除支撑法兰螺丝后,取出法兰,如图4-5-28所示。

图4-5-28　拆除支撑法兰

拆除减速机端面内侧螺丝,如图4-5-29所示。

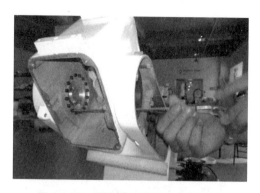

图4-5-29　拆除减速机端面内侧螺丝

使用木棒从内侧以适度力度敲击,拆除减速机,如图4-5-30所示。

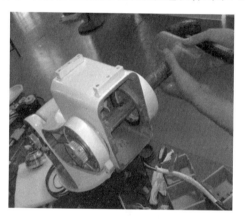

图4-5-30　木棒敲击

为了避免减速机掉落到平台或地面上,需要另一位工作人员负责接住脱离的减速机,如图4-5-31所示。

图4-5-31　双人拆卸减速机

减速机拆卸完毕后,移除第三轴本体,如图4-5-32所示。

图4-5-32　移除第三轴本体

注意如果使用过长的螺丝,容易导致本体出现刮痕,如图4-5-33和图4-5-34所示。

图4-5-33　螺丝过长导致的刮痕

图4-5-34　螺丝过长导致的刮痕

六、第二轴本体拆卸

拆卸第二轴同步轮螺丝,如图4-6-1所示。

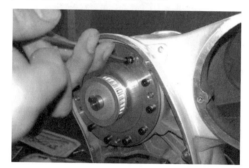

图4-6-1　拆卸第二轴同步轮螺丝

继续拆卸第二轴同步轮螺丝,如图4-6-2所示。

图4-6-2　拆卸第二轴同步轮螺丝

拆卸本体内部螺丝,如图4-6-3所示。

图4-6-3　拆卸本体内部螺丝

技术人员拆卸本体内部螺丝,如图4-6-4所示。

图4-6-4　拆卸本体内部螺丝

使用木棒敲击拆卸减速机,如图4-6-5所示。

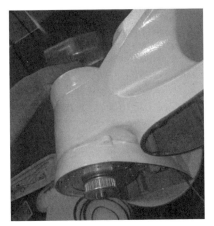

图4-6-5　使用木棒敲击拆卸

第二轴减速机拆卸完毕,如图4-6-6所示。

图4-6-6　拆卸完毕的第二轴减速机

第二轴腔体拆卸完毕,如图4-6-7所示。

图4-6-7　拆卸完毕的第二轴腔体

拆卸右侧的支撑法兰,如图4-6-8所示。

图4-6-8　拆卸右侧的支撑法兰

七、第一轴本体拆卸

拆卸机器人底座的固定螺丝,如图4-7-1所示。

图4-7-1　拆卸机器人底座的固定螺丝

拆卸第一轴底座螺丝，如图4-7-2所示。

图4-7-2　**拆卸第一轴底座螺丝**

查看第一轴底座螺丝拆卸情况，如图4-7-3所示。

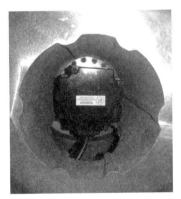

图4-7-3　**查看第一轴底座螺丝情况**

拆开第一轴本体与底座的连接，如图4-7-4所示。

图4-7-4　**拆开本体连接**

拆开底座，查看情况，如图4-7-5所示。

图4-7-5　拆开底座，查看情况

拆卸螺丝，如图4-7-6所示。

图4-7-6　拆卸螺丝

安装受力螺丝后，使用两根金属棒抽起减速机，如图4-7-7所示。

图4-7-7　拆卸减速机

将第一轴电机擦拭干净，准备拆卸波发生器，如图4-7-8所示。

图4-7-8　第一轴电机

拆卸波发生器,如图4-7-9所示。

图4-7-9　拆卸波发生器

拆卸挡圈,如图4-7-10所示。

图4-7-10　拆卸挡圈

敲击轴承,第一轴电机脱离轴承,如图4-7-11所示。

图4-7-11　敲击轴承

拆下的电机如图4-7-12所示。

图4-7-12　拆下的电机

拆下的6个伺服电机如图4-7-13所示。

图4-7-13　6个伺服电机

练习题

1.请独立完成慧诚机器人拆卸工具的准备工作。

2.请独立完成慧诚机器人第一至三轴的拆卸工作,并总结拆卸过程中的注意事项。

3.请独立完成慧诚机器人第四至六轴的拆卸工作,并总结拆卸过程中的注意事项。